福建省中等职业教育学业水平考试备考宝典

计算机网络技术
单元过关测验与综合模拟

主　编　陈国升

副主编　黄德要　黄培忠　张燕琴
　　　　薛叶兴　张满宇　陈心屹

编　委　（按姓氏笔画排序）
　　　　卢　灯　刘美标　杨盛鑫
　　　　吴　杏　贺　喜　廖甫明
　　　　魏长川

电子工业出版社·
Publishing House of Electronics Industry
北京·BEIJING

内 容 简 介

本书根据福建省中等职业教育"计算机网络技术"学业水平考试最新考试大纲，并结合2019年真题编写而成，针对性强，题目新颖，贴题率高，是考生复习迎考的好帮手。本书主要内容包括三个部分：考点要求、知识梳理及单元过关测验，2019年真题及综合模拟测验（五套），部分参考答案。在考点要求、知识梳理及单元过关测验部分，包含了详细的考纲要求和考试说明。

本书适合作为中职中专（含卫校、技工学校）计算机相关专业学生"计算机网络技术"学业水平考试的复习资料。

图书在版编目（CIP）数据

计算机网络技术单元过关测验与综合模拟/陈国升主编. —北京：电子工业出版社，2019.10

ISBN 978-7-121-37156-1

Ⅰ. ①计… Ⅱ. ①陈… Ⅲ. ①计算机网络－中等专业学校－习题集 Ⅳ. ①TP393-44

中国版本图书馆CIP数据核字（2019）第155463号

责任编辑：程超群　文字编辑：韩　蕾

印　　刷：三河市兴达印务有限公司

装　　订：三河市兴达印务有限公司

出版发行：电子工业出版社
　　　　　北京市海淀区万寿路173信箱　邮编 100036

开　　本：787×1 092　1/16　印张：13　字数：308千字

版　　次：2019年10月第1版

印　　次：2024年9月第22次印刷

定　　价：49.00元

凡所购买电子工业出版社图书有缺损问题，请向购买书店调换。若书店售缺，请与本社发行部联系，联系及邮购电话：(010) 88254888，88258888。

质量投诉请发邮件至 zlts@phei.com.cn，盗版侵权举报请发邮件至 dbqq@phei.com.cn。

本书咨询联系方式：(010) 88254577，ccq@phei.com.cn。

PREFACE 前言

　　福建省中等职业学校学生学业水平考试是根据国家及福建省中等职业学校教学标准及考试要求，由省教育厅组织实施的考试，主要用以衡量中等职业学校学生达到专业学习要求的程度，是保障中等职业学校教育教学质量的重要措施。学业水平考试成绩是学生毕业和升学的重要依据，是评价和改进学校教学工作的重要参考，是检验中等职业学校教学质量的重要方式，也是开展中等职业学校办学能力诊断与评估的重要考核指标。

　　本书是集体智慧的结晶，本书的编者都是省内具有多年一线教学经验的骨干教师，致力于打造福建省中职"计算机网络技术"学习和考试优秀的复习指导用书。本书完全依据福建省中等职业教育"计算机网络技术"学业水平考试最新考试大纲，并结合2019年考试真题编写而成，针对性强，题目新颖，贴题率高，是考生复习迎考的好帮手。

　　本书脉络清晰，体系结构合理，主要内容包括三个部分：考点要求、知识梳理及单元过关测验，2019年真题及综合模拟测验（五套），部分参考答案。考点要求、知识梳理及单元过关测验部分共分为八章：第一章计算机网络概述，第二章数据通信基础，第三章计算机网络体系结构，第四章计算机网络设备，第五章网络操作系统，第六章计算机网络组建，第七章Internet基础，第八章网络管理与网络安全。2019年真题及综合模拟测验部分均包括试卷Ⅰ和试卷Ⅱ。

　　本书内容从质量监控、命题方向的需要出发，紧扣考点，突出重点，贴近教学实际，符合考试复习规律。另外，本书提供部分扩充题。

　　本书适合作为中职中专学生（含卫校、技工学校学生，高职院校招收的中职生）"计算机网络技术"学业水平考试的复习指导用书，也可作为自愿报名参加学业水平考试的社会人员的复习参考用书。

　　由于编者水平有限，书中难免有不当之处，敬请广大读者批评指正。

编　者

扫码获取扩充题
（文件大小：560KB）

CONTENTS 目录

第三部分　部分参考答案

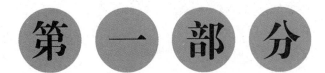

第 一 部 分

考点要求、
知识梳理及
单元过关测验

第一章

计算机网络概述

 考纲要求

1. 了解计算机网络的定义；
2. 了解计算机网络的发展、功能及其分类；
3. 理解计算机网络的拓扑结构；
4. 了解资源子网和通信子网的概念。

1.1 考点要求及知识梳理

【考点1】 了解计算机网络的定义

【知识梳理】

计算机网络是指将地理位置不同的具有独立功能的多台计算机及其外部设备，通过通信线路连接起来，在网络操作系统、网络管理软件及网络通信协议的管理和协调下，实现资源共享和数据通信的计算机系统。计算机网络主要包括以下三个方面：

（1）计算机系统：是网络的基本模块，提供各种网络资源。

（2）数据通信系统：是连接网络基本模块的桥梁，提供各种连接技术和信息交换技术。

（3）网络操作系统：是网络的组织管理者，提供各种网络服务。

计算机网络是计算机技术与通信技术相结合的产物。计算机网络的最主要功能是实现资源共享和数据通信。

【考点2】 了解计算机网络的发展、功能及其分类

【知识梳理】

1. 计算机网络的发展

（1）第一个计算机网络：1969年，美国的ARPANET（阿帕网），美国国防部高级研究计划署为军事目的而建立，最初只有4个结点。

（2）四个阶段：

第一阶段：面向终端的计算机通信网络，其特点是由单个具有自主处理功能的计算机与多个没有自主处理功能的终端组成网络。

第二阶段：计算机与计算机互联阶段，其特点是由具有自主处理功能的多个计算机组成能够实现数据通信和资源共享的独立的网络系统，典型代表是 ARPANET。

第三阶段：网络与网络互联阶段，其特点是网络体系结构的开放式和标准化，出现 OSI 参考模型。

第四阶段：互联网与信息高速公路阶段，其特点是综合性、智能化、高速网络、全球化，典型代表是 Internet。1993 年，美国政府宣布实施一项新的高科技计划——"国家信息基础设施"，兴建"信息高速公路"，即建设高速度、大容量、能传送多媒体的信息传输网络。

2．计算机网络的功能

（1）实现计算机系统的资源共享（硬件、软件、数据）；

（2）数据通信（信息交换）；

（3）提高可靠性；

（4）提供均衡负载与分布式处理能力；

（5）集中处理。

3．计算机网络的组成

（1）硬件：包括主机、工作站及终端设备、传输介质、网卡、集线器、交换机、路由器等。主机即服务器（Server），它用于对整个网络资源进行集中管理。服务器根据提供的服务不同，可分为 Web 服务器、FTP 服务器、E-mail 服务器等。工作站即客户机（Client），是享受服务的计算机。

（2）软件：包括网络操作系统（Network Operating System，NOS）、网络协议、设备驱动程序、各种网络应用软件等。网络操作系统负责管理整个网络的资源，协调各种操作。

4．计算机网络的分类

（1）按地理范围分类：

①局域网（Local Area Network，LAN）：覆盖范围一般在几米至 10 千米以内，如一个建筑物内、一个学校内、一个工厂厂区内的计算机联网。局域网的距离短，数据传输速率高，误码率低，可靠性高。

②城域网（Metropolitan Area Network，MAN）：覆盖范围介于广域网和局域网之间，一般为几十千米到上百千米，可覆盖一个城市或地区。

③广域网（Wide Area Network，WAN）：也称为远程网，覆盖的地理范围从几千米到几千千米，覆盖一个国家、地区或横跨几个大洲，如国际互联网、我国的公用数字数据网（DDN）、电话交换网等。

（2）按传输介质分类：

①有线网（距离受限制）。

②无线网（容易被电磁波干扰，稳定性差一些）。

（3）按通信方式分类：

①广播式：在网络中只有一个单一的通信信道，由这个网络中所有的主机共享。即多个

计算机连接到一条通信线路上的不同分支点上，任意一个结点所发出的报文分组被其他所有结点接收。发送的分组中有一个地址域，指明该分组的目标地址和源地址。

②点到点式：由许多互相连接的结点构成，在每对机器之间都有一条专用的通信信道，当一台计算机发送数据分组后，它会根据目的地址，经过一系列中间设备的转发，直至到达目的结点。

【考点3】 理解计算机网络的拓扑结构

【知识梳理】

1．网络拓扑结构

拓扑学是几何学的一个分支，它把物理实体抽象成与其大小、形状无关的结点，把连接实体的线路抽象成线，进而研究点、线、面之间的关系。计算机网络也借用这种方法，将网络中的计算机和通信设备抽象成结点，把两个设备间的连接线路定义为链路，计算机网络就是由一组结点和链路组成的几何图形，这种几何图形就是计算机网络的拓扑结构。常见的拓扑结构有总线型、环形、星形、树形、网状型，如图 1-1 所示。局域网一般采用总线型、环形、星形拓扑结构，因特网与广域网一般采用网状型拓扑结构。

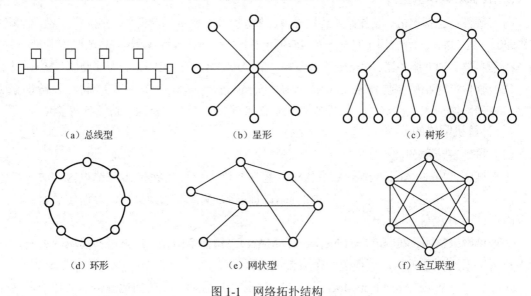

| (a) 总线型 | (b) 星形 | (c) 树形 |
| (d) 环形 | (e) 网状型 | (f) 全互联型 |

图 1-1 网络拓扑结构

（1）总线型：也称为广播式网络，是一种基于多点连接的拓扑结构，所有的计算机都连接到一条通信线路上，在线的两端连有防止信号反射的装置。这种拓扑结构连接选用同轴电缆，带宽为 100Mbps，适用于计算机数较少的局域网，如以太网（Ethernet）。

优点：

①电缆用量小，成本较低，易于安装；

②结构简单，连接方便，易实现，易维护，易扩充；

③共享资源能力强，便于广播式工作；

④网络中任何结点的故障都不会造成全网的故障，可靠性较高。只有总线介质故障会引起全网故障。

缺点：

①总线的传输距离有限，通信范围受到限制；

②故障诊断和隔离困难；

③通过中继器配置，没有集中控制的设备；

④实时性不强。

（2）星形：是一种以中央结点为中心，把若干外围结点连接起来的辐射式互联结构，各结点与中央结点通过点到点链路相连，中央结点执行集中式通信控制策略。每一个要发送数据的结点都要先把数据发送到中央结点，再由中央结点转发到目的结点，中央结点的负担较重。中央结点通常用集线器（HUB）或交换机，传输介质通常用双绞线和光纤。这种结构适用于局域网。

优点：

①结构简单，容易实现，便于管理；

②故障诊断和隔离容易，中央结点对连接线路逐一隔离进行故障检测和定位，单个连接点的故障只影响一个结点，不会影响全网；

③网络延迟时间短，误码率低。

缺点：

①扩展困难，安装费用高，增加网络新结点时，无论有多远，都需要与中央结点直接连接，布线困难且费用高；

②外围结点对中央结点的依赖性强，负担较重，形成瓶颈，如果中央结点出现故障则全网瘫痪；

③各站点的分布处理能力较低。

（3）环形：网络中各结点通过环路接口连在一条首尾相连的闭合环形通信线路中。在环形结构中，每个结点与它相邻两个结点连接，最终构成一个环。环中数据只能单向传输，信息在每台设备上的延迟时间是固定的。在环形拓扑结构中，有一个控制发送数据权力的"令牌"，任何结点均可请求发送信息，请求一旦被批准，便可以向环路发送信息。一个结点发出的信息必须穿越环中所有的环路接口，信息流的目的地址与环上某结点地址相符时，信息被该结点的环路接口所接收，并继续流向下一环路接口，直至回到发送该信息的环路接口为止。这种结构特别适合实时控制的局域网系统。典型的环形拓扑结构网络是令牌环网。

优点：

①结构简单，适用于光纤；

②增加或减少工作站时，仅需简单的连接操作；

③抗故障性能好；

④单方向通路的信息流使路由选择控制简单；

⑤传输距离远，传输延迟确定。

缺点：

①结点的故障会引起全网故障，可靠性差；

②故障检测困难；

③媒体访问控制协议都采用令牌传递的方式，在负载很轻时，信道利用率相对来说比较低。

（4）树形：类似于总线型拓扑的局域网拓扑结构，也是广播式网络。可包含分支及其呈树状排列的多个结点，是一种层次结构，信息交换主要在上下结点之间进行，相邻结点或同层结点之间一般不进行数据交换，适用于构建网络主干。

优点：

①有较强的可折叠性，布局灵活，易于扩展；

②连接简单，维护方便，适用于汇集信息的应用要求；

③故障隔离较为容易。

缺点：

①各结点对根结点的依赖性大；

②资源共享能力较低，可靠性不高，任何一个工作站或链路故障都会影响整个网络。

（5）网状型：又称作无规则结构，就是将多个子网或多个局域网连接起来构成网际拓扑结构，结点之间的连接是任意的，没有规律。通常用集线器、中继器将多个设备连接起来构成子网，再用网桥、路由器及网关将子网连接起来。根据组网硬件不同，主要有三种网际拓扑：网状网、主干网、星状相连网。目前广域网基本上采用网状型拓扑结构。

优点：

①网络可靠性最高，一般通信子网中任意两个结点交换机之间存在着两条或两条以上的通信路径，这样，当一条路径发生故障时，还可以通过另一条路径把信息送至目标结点；

②网络可组建成各种形状，采用多种通信信道、多种传输速率；

③网内结点共享资源容易；

④可改善线路的信息流量分配；

⑤可选择最佳路径，传输延迟小。

缺点：

①结构复杂，维护困难；

②每个结点都与多点进行连接，必须采用路由算法和流量控制方法。

2．网络模式分类

根据结点及其相互间的作用关系，可将网络分为对等网络和客户机/服务器网络（Client/Server，C/S）。

（1）对等网络：各个结点都是平等的，没有专用的网络服务器，结点中的主机既是客户机又是服务器。

（2）客户机/服务器网络（C/S）：网络中有一台高性能的计算机作为服务器，对整个网络提供服务，客户机则享受服务，常用的网络都是属于 C/S 模式的。

【考点4】　了解资源子网和通信子网的概念

【知识梳理】

从逻辑功能上可把计算机网络分为两个子网：资源子网和通信子网。

（1）资源子网：包括网络中的所有计算机、I/O 设备（如打印机、大型存储设备）、网络操作系统和网络数据库等。它负责全网面向应用的数据处理业务，向网络用户提供各种网络资源和网络服务，实现网络资源共享。

（2）通信子网：是由用作信息交换的通信控制处理机、通信线路和其他通信设备组成的独立的数据信息系统。通信子网是计算机网络中负责数据通信的部分，主要完成数据的传输、交换以及通信控制。通信子网的设备有网卡、交换机、集线器、路由器、传输介质等。

1.2　单元过关测验

一、单项选择题

1．一个学校内部的网络属于（　　）。

A．局域网　　　　　　　B．城域网　　　　　　C．广域网　　　　　　D．专用网

2．计算机联网的主要目的是实现（　　）。

A．数据处理　　　　　　　　　　　B．文献检索

C．资源共享和信息传输　　　　　　D．聊天与娱乐

3．以下有关计算机网络的说法中不正确的是（　　）。

A．计算机网络必须包含网络硬件与软件

B．计算机网络是在协议控制下的多机互联系统

C．用网线将两台计算机连起来就可以构成网络

D．计算机网络是指将地理位置不同的计算机互联，能够实现资源共享和信息传递的计算机系统

4．第四代计算机网络的特点是（　　）。

A．以主机为中心，面向终端

B．实现了"计算机-计算机"的通信

C．网络技术标准化，制定 OSI 参考模型

D．综合性强，智能化，高速网络，全球化

5．世界上第一个计算机网络是（　　）。

A．ARPANET　　　　B．ChinaNET　　　　C．Internet　　　　D．CERNET

6．计算机网络可以按网络拓扑结构来划分，以下不是按此标准划分的是（　　）。

A．星形网　　　　　　B．局域网　　　　　　C．总线型网　　　　　D．环形网

7．中心结点故障会造成整个系统瘫痪的网络拓扑结构是（　　）。

A．总线型　　　　　B．环形　　　　　C．星形　　　　　D．网状型

8．在一个办公室内，将 6 台计算机用交换机连接成网络，该网络的网络拓扑结构为（　　）。

A．星形结构　　　B．总线型结构　　　C．环形结构　　　D．树形结构

9．在网络拓扑结构中，只允许数据在传输介质中单方向传输的是（　　）。

A．星形结构　　　B．总线型结构　　　C．树形结构　　　D．环形结构

10．在计算机网络中，所有的计算机均连接到一条通信传输线路上，在线路两端连有防止信号反射的装置，这种连接结构被称为（　　）。

A．总线型结构　　B．环形结构　　　C．星形结构　　　D．网状型结构

11．Internet 的网络拓扑结构采用（　　）。

A．星形　　　　　B．环形　　　　　C．树形　　　　　D．网状型

12．系统可靠性最高的网络拓扑结构是（　　）。

A．总线型　　　　B．网状型　　　　C．星形　　　　　D．树形

13．计算机网络发展的第二阶段，兴起于（　　）。

A．20 世纪 50 年代　　　　　　　　B．20 世纪 60 年代

C．20 世纪 70 年代　　　　　　　　D．20 世纪 80 年代

14．网络中的共享资源主要指（　　）。

A．网络软件与数据　　　　　　　　B．服务器、工作站与软件

C．硬件、软件与数据　　　　　　　D．通信子网与资源子网

15．下列网络设备中，属于通信子网的是（　　）。

A．工作站　　　　B．终端　　　　　C．服务器　　　　D．交换机

16．下列网络设备中，属于资源子网的是（　　）。

A．打印机　　　　B．中继器　　　　C．路由器　　　　D．网卡

17．计算机网络中通信子网的组成包括（　　）。

A．主机系统和终端系统　　　　　　B．网络结点和通信链路

C．网络通信协议和网络安全软件　　D．计算机和通信线路

18．计算机网络拓扑结构主要取决于它的（　　）。

A．资源子网　　　B．硬件设备　　　C．通信子网　　　D．网络软件

19．实现计算机网络需要硬件和软件，其中，负责管理整个网络各种资源、协调各种操作的软件是（　　）。

A．网络应用软件　　B．通信协议　　C．网络数据库　　D．网络操作系统

20．计算机网络中通过网络结点与通信线路之间的几何关系来表示的结构为（　　）。

A．网络层次　　　B．协议关系　　　C．体系结构　　　D．网络拓扑结构

21．在计算机网络中，通常把提供并管理共享资源的计算机称为（　　）。

A．服务器　　　　B．工作站　　　　C．客户机　　　　D．通信设备

22．某单位组建了一个办公用的计算机网络系统，属于（　　）。

A. VLAN　　　　　B. LAN　　　　　C. MAN　　　　　D. WAN

23. 结点通过点到点通信线路与中心结点连接，这种网络结构属于（　　）。

A. 环形　　　　　B. 网状型　　　　　C. 树形　　　　　D. 星形

24. 结构简单、传输延迟时间确定但系统维护工作复杂的网络拓扑结构是（　　）。

A. 环形拓扑　　　　　B. 网状型拓扑　　　　　C. 树形拓扑　　　　　D. 星形拓扑

25. 在计算机网络组成结构中，负责完成网络数据的传输、转发等任务的是（　　）。

A. 资源子网　　　　　B. 局域网　　　　　C. 通信子网　　　　　D. 广域网

26. 按（　　）分类可将计算机网络分为点到点式网络和广播式网络。

A. 通信方式　　　　　B. 地理范围　　　　　C. 传输介质　　　　　D. 拓扑结构

27. 计算机网络是（　　）。

A. 计算机技术与通信技术相结合的产物

B. 计算机技术与数据库技术相结合的产物

C. 电子技术与通信技术相结合的产物

D. 卫星技术与计算机技术相结合的产物

28. 下列不属于计算机网络中的结点的是（　　）。

A. 访问结点　　　　　B. 信息结点　　　　　C. 转接结点　　　　　D. 混合结点

29. 覆盖范围在 50 千米左右的网络属于（　　）。

A. 局域网　　　　　B. 城域网　　　　　C. 广域网　　　　　D. 因特网

30. Internet 起源于（　　）。

A. ARPANET　　　　　B. NSFNET　　　　　C. CSNET　　　　　D. BITNET

二、多项选择题

31. 拓扑结构设计是建设计算机网络的第一步，它对网络的影响主要表现在（　　）。

A. 网络性能　　　　　B. 系统可靠性　　　　　C. 通信费用　　　　　D. 网络协议

E. 主机类型

32. 以下属于计算机网络功能的是（　　）。

A. 数据通信和资源共享　　　　　　　B. 易于分布式处理

C. 提高系统可靠性和可用性　　　　　D. 增加误码率

E. 数据处理

33. 以下属于资源子网的是（　　）。

A. 计算机　　　　　B. 打印机　　　　　C. 路由器　　　　　D. 网络操作系统

E. 光纤

34. 以下属于网络具体应用的是（　　）。

A. 携程旅游　　　　　B. 系统故障诊断　　　　　C. 淘宝购物　　　　　D. 远程培训

E. 磁盘碎片整理

35. 计算机网络的硬件主要包括（　　）。

A. 服务器　　　　　B. 传输介质　　　　　C. 连接设备　　　　　D. 网卡

E. 传真机

三、判断题（正确的在括号内打√，错误的打×）

36．计算机网络就是计算机的集合。（　　　）

37．按通信方式分类，计算机网络可以分为点对点传输网络和广播式传输网络。（　　　）

38．计算机网络不管使用哪种拓扑结构，其性能都是相同的。（　　　）

39．星形结构的网络采用的是广播式的传播方式。（　　　）

40．总线型拓扑结构中若某个结点故障会引起全网故障，安全性能差。（　　　）

41．环形拓扑结构中，数据允许双向传输。（　　　）

42．根据传输介质不同，可将网络分为有线网络和无线网络。（　　　）

43．所有的网络软件均属于资源子网。（　　　）

44．在 LAN、WAN、MAN 三种网络中，误码率最低、可靠性最高的是 LAN。（　　　）

四、填空题

45．计算机网络是将分布在不同地理位置并具有_____的多台计算机通过通信设备和通信线路连接起来。

46．计算机网络的主要功能是信息交换和_____。

47．计算机网络按网络的覆盖范围可分为_____、_____和_____。

48．网络中常见的通信设备有集线器、_____和_____。

49．计算机网络从逻辑功能上分为资源子网和_____。

50．组成计算机网络的硬件主要有服务器、工作站、网卡、通信设备和_____。

五、简答题

51．什么是计算机网络？建立计算机网络的主要目的是什么？

52．计算机网络的主要拓扑结构有哪些？其中结点故障会引起全网故障，中央设备故障会引起全网系统瘫痪的拓扑结构分别是什么结构？

53．计算机网络的发展分为哪几个阶段？其中 ARPANET、OSI、Internet 分别出现在第几个阶段？

54．通信子网和资源子网分别由哪些主要部分组成？其主要功能是什么？

第二章

数据通信基础

考纲要求

1. 了解数据通信系统的基本概念;
2. 了解数据通信的基本结构;
3. 了解数据传输方式;
4. 了解数据交换技术;
5. 了解数据通信的主要技术指标。

2.1 考点要求及知识梳理

【考点1】 了解数据通信系统的基本概念

【知识梳理】

数据通信所实现的主要是"人(通过终端)-机(计算机)"通信和"机-机"通信,以及"人(通过智能终端)-人"通信。数据通信是以信息处理技术和计算机技术为基础的通信方式,在数据通信中所传递的信息均以二进制数据形式来表示。

数据通信的基本概念主要包括:

1. 信息

通信的目的是交换信息。信息是人脑对客观物质的反映,可以是对物质的形态、大小、结构、性能等全部或部分特性的描述,也可表示物质与外部的联系。信息的载体可以是符号、数字、文字、声音、图形、动画和视频等。

2. 数据

信息可以用数字的形式来表示,数字化的信息称为数据。

数据是信息的载体,信息则是数据的内在含义或解释。

数据分为模拟数据和数字数据。模拟数据是指用来描述在某个区间内连续变化量的数据,如图像、音频、视频等。数字数据是指用来描述在某个区间内不连续变化的量。

信息、数字、数据三者之间的关系如图2-1所示。

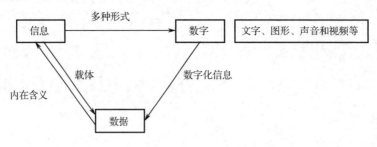

图 2-1　信息、数字、数据三者之间的关系

3．信号

信号是数据的具体的物理表现，且有确定的物理描述，如电压、磁场强度等。在计算机中，信息是用数据表示并转换成信号进行传送的，有模拟信号和数字信号两种形式，分别如图 2-2 和图 2-3 所示。

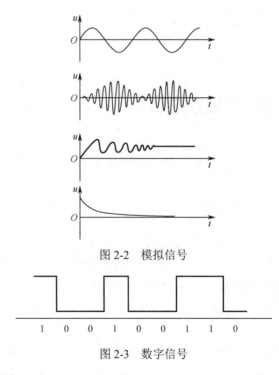

图 2-2　模拟信号

图 2-3　数字信号

4．信道及信道类型

（1）信道：是传输信号的通道，分为物理信道和逻辑信道，还可以根据不同的标准进行划分。

①信道按传输介质可分为有线信道和无线信道。

②信道按传输信号的种类可分为模拟信道和数字信道。

③信道按使用权限可分为专用信道和公用信道。

物理信道是指用来传送信号或数据的物理通路，由传输介质及其附属设备组成。

逻辑信道也是传输信息的一条通路，但在信号的收、发结点之间并不一定存在与之对应的物理传输介质，而是在物理信道基础上，由结点设备内部的连接来实现。

（2）信道容量：

①信道容量是指信道传输信息的最大能力，通常用信息传输速率来表示。

②信道容量越大，单位时间内传送的比特数越多，信息的传输能力也就越强。

③信道容量由信道的频带（带宽）、可使用的时间及能通过的信号功率和噪声功率决定。

④信道容量的表达式：

$$C = B\log(1 + S/N)$$

式中：

C——信道容量；

B——信道带宽；

S——接收端信号的平均功率；

N——信道内噪声的平均功率。

5．模拟通信和数字通信

通信的任务是将表示消息的信号从信源（发送端）传递到信宿（接收端）。通信可分为模拟通信和数字通信。

模拟通信是指以模拟信号传输为基础的通信方式，它利用模拟信号来传递消息。

数字通信是指以数字信号传输为基础的通信方式，它利用数字信号来传递消息。

按传送模拟信号而设计的通信系统称为模拟通信系统，按传送数字信号而设计的通信系统称为数字通信系统。

6．码元和码字

（1）码元：是构成信息编码的最小单位。一个数字脉冲称为一个码元。在计算机网络中，1 位二进制数字称为码元。

（2）码字：7 个码元组成的二进制数字序列称为码字，如 1000001。

【考点 2】 了解数据通信的基本结构

【知识梳理】

1．数据通信系统

一个基本的数据通信系统由数据终端设备（Data Terminal Equipment，DTE）、数据线路端接设备（Data Circuit-terminating Equipment，DCE）和通信线路组成。

数据终端设备：指具有一定的数据处理和数据收发能力的设备，是数据通信系统的信源和信宿，构成资源子网的主体，主要指计算机、路由器、终端或其他具有数据处理能力的设备。其不能直接发送数据到传输介质，而是将发送的信息变换为数字信号输出，或者将接收的数字信号转换为用户能够理解的信息形式，具有编码、解码功能。

数据线路端接设备：又称为数据通信设备，介于 DTE 与传输介质之间，为 DTE 设备提供时钟，可以将 DTE 的数字信号转换成适合于在传输介质上传输的信号，也可以将从传输介质上接收的信号转换为计算机中的数字信号，如 MODEM。

通信线路：即传输信道。

2．数据编码方式

（1）模拟数据的模拟信号；

（2）模拟数据的数字信号；

（3）数字数据的模拟信号；

（4）数字数据的数字信号。

3．多路复用

为了有效地利用通信线路，希望一个信道同时传输多路信号，即多路复用。采用多路复用技术能把多个信号组合在一条物理信道上进行传输，在远距离传输时，可大大节省电缆的安装和维护费用。通常有频分多路复用（FDM）、时分多路复用（TDM）和波分多路复用（WDM）等。

（1）频分多路复用（FDM）：将一条物理信道可以传输的频带分成若干个较窄的频带，每个频带都可以分配给用户形成数据传输子路径。

（2）时分多路复用（TDM）：包括同步时分多路复用和异步时分多路复用，通过一个自动分配系统将一条传输信道按照一定的时间间隔分割成多条独立的、速率较低的传输信道。

（3）波分多路复用（WDM）：主要用于光纤传输介质，在一条光纤中用不同颜色的光波来传输多路信号，不同的色光在光纤中传输彼此互不干扰。

【考点3】　了解数据传输方式

【知识梳理】

数据传输方式（data transmission mode）是数据在信道上传送所采取的方式。

1．按数据传输顺序分为：并行通信和串行通信

（1）并行通信：指数据以成组的方式在多个并行信道上同时进行传输，例如采用 8 单位代码字符可以用 8 条信道并行传输，一条信道一次传送一个单位代码。因此不需要另外的措施就实现了收发双方的字符同步，适用于近距离，如计算机与打印机之间的数据传输。

主要特点：

①各数据位同时传输，传输速率高，效率高，多用在实时、快速的场合；

②数据宽度可以是 1～128 位，甚至更宽，但有多少数据位就需要多少根数据线，传输的成本较高；

③通常以计算机的字长（16 位、32 位、64 位）为传输单位，一次传送一个字长的数据；

④只适用于近距离的通信，通常距离小于 30 米。

（2）串行通信：指在一条信道上，数据以串行方式，一位一位地依次传输，每一位数据占据一个固定的时间长度，如计算机与 MODEM 之间的通信。

主要特点：

①节省传输线，适合远程通信，但是数据传送效率低；

②要解决收、发双方码组或字符的同步，需另外增加同步措施。

2．按数据传输方向分为：单工通信、半双工通信和全双工通信

（1）单工通信：信息只能在一个方向上传送（单向），一端只能作为发送端发送数据，另一端只能作为接收端接收数据，只需要一条传输线路，如广播和电视节目的传送以及寻呼系统。如图2-4（a）所示。

（2）半双工通信：允许数据在两个方向上传输（双向但不同时），但某一时刻，只允许数据在一个方向上传输，只需要一条传输线路，如航空和航海的无线电及对讲机，计算机与终端的通信等。如图2-4（b）所示。

（3）全双工通信：允许数据同时在两个方向上传输，具有双向传送信息的能力（双向且同时），需要两条传输线路，如手机和计算机网络。如图2-4（c）所示。

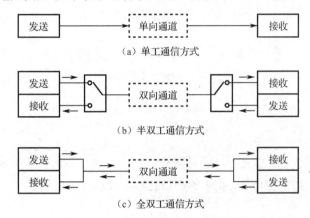

图2-4　单工通信、半双工通信和全双工通信

3．按数据传输方式分为：同步传输和异步传输

（1）同步传输：采用按位传输的同步技术，当数据同步传输时，字符间会有一个固定的时间间隔，这个时间间隔由数字时钟来确定。

主要特点：

以报文或分组为单位进行传输。在串行数据码流中，各信号码元之间的相对位置都是固定的，接收端要从收到的数据码流中正确区分发送的字符，必须建立位同步和帧同步。

（2）异步传输：又称为起止式传输方式，采用群同步技术，传输的信息可以被分成若干个"群"，群中的比特数不是固定的，在发送端和接收端之间只需要保持一个"群"内的同步。该方式实现简单，但传输效率低。

主要特点：

数据以字符为传输单位，且字符的发送时间是异步的，即后一个字符的发送时间与前一个字符的发送时间无关。异步传输每次传送一个字符代码（5～8bit），在发送的每一个字符代码的前面均加上一个"起"信号，其长度规定为1个码元，极性为"0"，后面均加上一个"止"信号。

4．按数据传输信号分为：基带传输、频带传输和宽带传输

（1）基带传输：又叫数字传输，是一种最基本的数据传输方式，在数字信道上直接传输基带信号（数字信号），一般用在近距离的数据通信中，如计算机局域网。

主要特点：

同一个时间内，一条线路只能传送一路基带信号，通信线路的利用率低。

（2）频带传输：又叫模拟传输，将二进制信号通过调制解调器变换成模拟信号在电话线等通信线路上进行传输，克服了电话线不能直接传送基带信号的缺点。

主要特点：

提高了通信线路的利用率，适用于远距离的数字通信。

（3）宽带传输：在同一信道上，宽带传输系统既可以进行数字信息服务，也可以进行模拟信息服务，如计算机局域网。

主要特点：

一个宽带信道能划分为多个逻辑信道，数据传输速率高。

【考点4】 了解数据交换技术

【知识梳理】

1. 电路交换

（1）概念。在电路交换方式中，通过网络结点（交换设备）在工作站之间建立专用的通信通道，即在两个工作站之间建立实际的物理连接，经历三个过程：

①电路建立；

②数据传输；

③拆除（释放）电路连接。

（2）电路交换的特点（如图 2-5 所示）。

结点交换　物理连接　通道专用　时延很小　速率一致

图 2-5　电路交换的特点

①电路交换中的每个结点都是电子式或电子机械式的交换设备，不对传输的信息进行任何处理。

②数据传输开始前必须建立两个工作站之间实际的物理连接，然后才能通信。

③通道在连接期间由于信道专用，通信速率较高；但线路利用率低，不能连接不同类型的线路组成链路，通信的双方必须同时工作。

④除链路上的传输时延外，不再有其他的时延，在每个结点的时延是很短的。

⑤整个链路上有一致的数据传输速率，连接两端的计算机必须同时工作。

（3）典型应用：电话系统。

2. 报文交换

（1）概念。报文交换采取"存储-转发"（Store-and-Forward）方式，不需要在通信的两个结点之间建立专用的物理线路，即不独占线路，多个用户的数据可以通过存储和排队共享一条线路。数据以报文（信息+地址）的方式发出，报文中除包括用户要传送的信息，还有源地址和目的地址等信息。

（2）工作原理（如图2-6所示）。

①报文从源结点出发后，要经过一系列的中间结点才能到达目的结点。

②各中间结点收到报文后，先暂时储存起来，然后分析目的地址、选择路由并排队等候。

③待需要的线路空闲时才将它转发到下一个结点。

④最终到达目的结点。

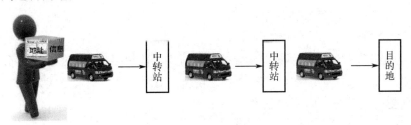

图2-6　报文交换与快递邮寄

（3）报文交换的特点（如图2-7所示）。

①线路利用率较高，因为一个"结点-结点"的信道可被多个报文共享。

②接收方和发送方无须同时工作，在接收方"忙"时，网络结点可暂存报文。

③可同时向多个目的站发送同一报文，这在电路交换方式中是难以实现的。

④能够在网络上实现报文的差错控制和纠错处理。

⑤报文交换网络能进行速度和代码转换，但网络的时延较长且变化比较大，因而不宜用于实时通信或交互式的应用场合。

图2-7　报文交换的特点

（4）典型应用：电子邮件系统（E-mail）、电报。

3．分组交换

分组交换技术是在计算机技术发展到一定程度，人们除了打电话直接沟通，还通过计算机和终端实现计算机与计算机之间的通信，在传输线路质量不高、网络技术手段还比较单一的情况下，应运而生的一种交换技术。

（1）概念。分组交换也称包交换，也属于"存储-转发"交换方式，但它不是以报文为单位，而是以长度受到限制的报文分组为单位进行传输交换的，分组的最大长度一般规定为一千到数千比特。将用户传送的数据划分成一定的长度，每个部分叫作一个分组。在每个分组的前面加上一个分组头，用以指明该分组发往何地址，然后由交换机根据每个分组的地址标志，将它们转发至目的地，这一过程称为分组交换。进行分组交换的通信网称为分组交换网。

（2）分组交换的特点（如图2-8所示）。

图2-8　分组交换的特点

①分组交换和报文交换都采用了"存储-转发"方式，不需要物理线路。

②分组是长度受到限制的报文分组。

③分组交换方式要对分组编号，加上源地址和目的地址，以及约定的头和尾等其他控制信息。

（3）分类。

①数据报。

特点：

● 每一组报文的传输路径可能会不同。

● 每组报文到达目的主机的时间不同。

● 目的主机必须对所接收到的报文分组进行排序才能拼接出原来的信息。

优点：对于短报文数据，通信传输速率比较高，对网络故障的适应能力强。

缺点：传输时延较长，时延离散度大。

②虚电路。

特点：

● 发送和接收数据前，需要通过通信网络建立逻辑上的连接。

● 用户发送的数据将按顺序通过新建立的数据通路到达终点。

● 虚电路的标志号只是一条逻辑信道的编号，而不是指一条物理线路。

优点：对于数据量较大的通信传输速率高，分组传输时延短，且不容易产生数据分组丢失。

缺点：对网络的依赖性较大。

（4）典型应用。

①当端到端的通路由很多段的链路组成，有一批中等数量的数据必须交换到大量的数据设备时，可用分组交换方法，这种技术的线路利用率是最高的。

②数据报分组交换适用于短报文和具有灵活性的报文。

③虚电路分组交换适用于大批量数据交换和减轻各站的处理负担。

4．信元交换

（1）概念。信元交换技术是指异步传输模式（ATM），是一种面向连接的交换技术，它采用小的固定长度的信息交换单元（信元），语音、视频和数据都可由信元的信息域传输。信元的长度为53B，由48B的数据和5B的信元头构成。

（2）ATM 模型（如图 2-9 所示）。

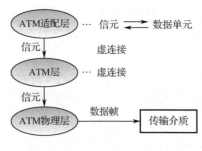

图 2-9　ATM 模型

①三个功能层：ATM 物理层、ATM 层和 ATM 适配层。

②功能层的作用：

● ATM 物理层：控制数据位在物理介质上的发送和接收，负责跟踪 ATM 信号边界，将 ATM 信元封装成类型和大小都合适的数据帧。

● ATM 层：主要负责建立虚连接并通过 ATM 网络传送 ATM 信元。

● ATM 适配层：主要任务是在上层协议处理所产生的数据单元和 ATM 信元之间建立一种转换关系，同时还要完成数据包的分段和组装。

（3）典型应用。

①对带宽要求高和对服务质量要求高的应用。

②广域网主干线。

【考点5】　了解数据通信的主要技术指标

【知识梳理】

1．数据传输速率

即比特率，指单位时间内所传送的二进制代码的有效位（bit）数，单位是位/秒（bps，b/s，bit/s）或千比特每秒（kbps）。数据传输速率的高低由传输每 1 位数据所占时间决定，传输每 1 位数据所占时间越小，则速率越高。

2．调制速率

即波特率，也称波形速率或码元速率，表示在单位时间内信号波形的变换次数，即通过信道传输的码元个数，其单位为波特（baud）。采用曼彻斯特编码的数字信道，其数据传输速率为波特率的 1/2。

3．误码率

指数据通信系统在正常工作情况下信息传输的错误率，是衡量数据通信系统在正常工作情况下传输可靠性的指标。

4．吞吐量

指单位时间内整个网络能够处理的信息总量，单位是字节/秒或位/秒。在单信道总线型网络中，吞吐量=信道容量×传输效率。

5．信道的传播延迟

信号在信道中传播，从信源端到达信宿端需要的时间。这种传播延迟与距离、传播速率和网络技术有关。

6．带宽

指通信信道的宽度，即信道所能传送的信号频率宽度，代表信道传输信息的能力。

在模拟信道中，带宽指传输信道的最高频率和最低频率的差，单位为 Hz。在数字信道中，人们常用数据传输速率（比特率）表示信道的传输能力（带宽），即每秒传输的比特数，单位为 bps。

带宽决定了信道中能不失真地传输脉冲序列的最高速率，此即信道容量。通常，信道带宽和信道容量具有正比关系，带宽越宽，容量越大。但实际上，由于信道中存在噪声或干扰现象，因此，信道带宽的无限增加并不能使信道容量无限增加。

2.2　单元过关测验

一、单项选择题

1. 计算机中存储的是（　　）数据。

A. 数字　　　　　　　　B. 模拟　　　　　　　　C. 数字或模拟　　　　D. 数值

2. 以下关于信道的说法中不正确的是（　　）。

A. 信道是传送信号的一条通道

B. 信道容量是指信道传输信息的最大能力

C. 信道按传输介质可分为模拟信道和数字信道

D. 信道容量越大，单位时间内传送的比特数越多

3. 下列指标中与信道容量的大小无关的是（　　）。

A. 信道带宽　　　　　　　　　　　　B. 接收端的平均功率

C. 噪声平均功率　　　　　　　　　　D. 误码率

4. 在数据通信的基本概念中，构成信息编码的最小单位是（　　）。

A. 二进制位　　　　　B. 字节　　　　　　　C. 码元　　　　　　　D. 码字

5. 下列关于码元的说法中正确的是（　　）。

A. 一个数字脉冲　　　　　　　　　　B. 8 个 0 或 1 构成的序列

C. 多个 0 或 1 构成的序列　　　　　　D. 一组数字脉冲

6. 在数据传输过程中，线路上每秒钟传送的码元符号个数称为（　　）。

A. 比特率　　　　　B. 误码率　　　　　　C. 波特率　　　　　　D. 吞吐量

7. 郭老师家安装了 16 兆的光纤宽带，他从网上下载视频，下载速度的最大理想值可达到（　　）。

A. 16MB/s　　　　　B. 16KB/s　　　　　　C. 2MB/s　　　　　　D. 2KB/s

8. 在数据传输过程中，表示单位时间内所传送的二进制代码的有效位数的是（　　）。

A. 比特率　　　　　B. 波特率　　　　　　C. 误码率　　　　　　D. 信息速率

9. 将数据通信方式分为并行通信和串行通信的依据是（　　）。

A. 传输方向　　　　　B. 信号种类　　　　　C. 传输顺序　　　　　D. 传输介质

10. 在数据传输过程中，若一条传输线路可以接受 800～2000Hz 的频率，则该传输线路的信道带宽是（　　）。

A. 800Hz　　　　　B. 2000Hz　　　　　　C. 1200Hz　　　　　　D. 800～2000Hz

11. 数据传输速率是指（　　）。

A. 信道传输信息的最大能力

B. 信道所能传送的信号的频率宽度

C. 单位时间内整个网络能够处理的信息总量

D. 单位时间内信道传输的信息量

12. 计算机网络通信传输的是（ ）。

A. 数字信号　　　　B. 模拟信号　　　　C. 数字或模拟信号　　D. 数字脉冲信号

13. 信息传输的物理通道是（ ）。

A. 信道　　　　　　B. 频带　　　　　　C. 带宽　　　　　　　D. 介质

14. 二进制数字 1000001 是由 7 个码元组成的序列，通常称为（ ）。

A. 码元　　　　　　B. 码字　　　　　　C. 字节　　　　　　　D. 码位

15. 数据通信系统在正常工作情况下，衡量传输可靠性的指标是（ ）。

A. 比特率　　　　　B. 波特率　　　　　C. 误码率　　　　　　D. 吞吐量

16. 在数据通信系统的主要技术指标中，单位时间内整个网络能够处理的信息总量是指（ ）。

A. 比特率　　　　　B. 波特率　　　　　C. 误码率　　　　　　D. 吞吐量

17. 信道容量指的是（ ）。

A. 信道传输信息的最大能力

B. 信道所能传送的信号的频率宽度

C. 单位时间内整个网络能够处理的信息总量

D. 单位时间内信道传输的信息量

18. 信道带宽指的是（ ）。

A. 信道传输信息的最大能力

B. 信道所能传送的信号的频率宽度

C. 单位时间内整个网络能够处理的信息总量

D. 单位时间内信道传输的信息量

19. 在数据通信系统的主要技术指标中，单位时间内信道传输的信息量是指（ ）。

A. 吞吐量　　　　　B. 波特率　　　　　C. 误码率　　　　　　D. 数据传输速率

20. 数据通信系统中的数据链路端接设备是（ ）。

A. DCE　　　　　　B. 信源　　　　　　C. DTE　　　　　　　D. 信宿

21. 数据通信系统中介于 DTE 与传输介质之间的设备是（ ）。

A. 信源　　　　　　B. DCE　　　　　　C. 终端　　　　　　　D. 终端控制器

22. 对讲机是一种短距离的通信设备，对讲机属于（ ）。

A. 单工通信　　　　B. 半双工通信　　　C. 全双工通信　　　　D. 以上都不对

23. 在数据通信方式中，信息只能在一个方向上传送的通信方式是（ ）。

A. 单工通信　　　　B. 半双工通信　　　C. 全双工通信　　　　D. 以上都不对

24. 无线电广播的数据通信方式属于（ ）。

A. 单工通信　　　　B. 半双工通信　　　C. 全双工通信　　　　D. 以上都不对

25. 在数据通信方式中，需要两条信道的数据通信方式是（ ）。

A. 单工通信　　　　B. 半双工通信　　　C. 全双工通信　　　　D. 以上都不对

26. 在数据传输方式中，在数字信道上直接传送基带信号的方法称为（ ）。

A. 基带传输   B. 频带传输   C. 宽带传输   D. 调制传输

27. 在数据传输方式中，可以利用电话线进行远距离数字通信的是（   ）。

A. 基带传输   B. 频带传输   C. 宽带传输   D. 调制传输

28. 在同一信道上，（   ）传输系统既可以进行数字通信服务也可以进行模拟通信服务。

A. 基带   B. 频带   C. 宽带   D. 以上都不对

29. 将基带信号转化为频带信号可以使用的设备是（   ）。

A. MODEM   B. 路由器   C. 网卡   D. 交换机

30. 在数据通信系统模型中，作为数据通信系统的信源和信宿的是（   ）。

A. DTE   B. DCE   C. 通信线路   D. MODEM

31. 在数据传输方式中，可以进行双向同时传输的是（   ）。

A. 单工通信   B. 半双工通信   C. 全双工通信   D. 通信线路

32. 在较近距离的数据通信中，一般采用的最基本的数据传输方式是（   ）。

A. 基带传输   B. 频带传输   C. 宽带传输   D. 调制传输

33. 以下关于频带传输方式的说法中不正确的是（   ）。

A. 提高了通信线路的利用率   B. 传输的信号是数字信号

C. 能利用电话线进行数字通信   D. 适用于远距离传输

34. 在数据传输前需要在两个站点之间建立物理连接的是（   ）。

A. 电路交换   B. 报文交换   C. 虚电路交换   D. 信元交换

35. 电路交换适用的场合是（   ）。

A. 电话系统   B. 短报文

C. 对带宽要求高   D. 大批量数据交换

36. 下列关于报文交换优点的说法中错误的是（   ）。

A. 线路利用率高

B. 可同时向多个目的站发送同一报文

C. 实时性强

D. 能够在网络上实现报文的差错控制和纠错处理

37. 采用多路复用技术的主要目的是（   ）。

A. 提高带宽   B. 减少通信成本

C. 便于信号转换   D. 有效地利用通信线路

38. 报文交换的主要缺点是（   ）。

A. 线路利用率低   B. 对网络的依赖性大

C. 误码率高   D. 网络的时延较长且变化比较大

39. 下列关于分组交换特点的说法中正确的是（   ）。

A. 需要物理线路   B. 分组的长度不受限制

C. 实时性强   D. 采用了"存储-转发"的方式

40. 数据报的主要优点是（   ）。

A. 实时性强   B. 对网络的依赖性大

C．对网络故障的适应能力强　　　　　　D．传输时延较长

41．如果要发送的是大批量数据，则适用的交换技术是（　　　）。

A．电路交换　　　　B．报文交换　　　　C．数据报　　　　D．虚电路

42．在数据传输前不需要在两个站点之间建立连接的是（　　　）。

A．电路交换　　　　B．报文交换　　　　C．虚电路交换　　　　D．信元交换

43．在四种数据交换方式中，可以应用于广域网主干线的是（　　　）。

A．电路交换　　　　B．报文交换　　　　C．分组交换　　　　D．信元交换

44．下列不属于信元交换特点的是（　　　）。

A．数据传输速率快　　　　　　　　　　B．采用 53B 信元作为数据传输单元

C．线路利用率高　　　　　　　　　　　D．面向无连接

45．在数据传输中，传输延迟最小的是（　　　）。

A．电路交换　　　　B．分组交换　　　　C．报文交换　　　　D．信元交换

46．在整个链路上有一致的数据传输速率的数据交换方式是（　　　）。

A．电路交换　　　　B．报文交换　　　　C．分组交换　　　　D．信元交换

47．下列关于报文交换的说法中正确的是（　　　）。

A．需要专用的物理线路　　　　　　　　B．适用于短报文

C．对带宽要求高　　　　　　　　　　　D．网络的时延较长

48．在机房局域网中双绞线上传输的信号是（　　　）。

A．模拟信号　　　　B．数字信号　　　　C．光信号　　　　D．物理信号

49．虚电路传输分组交换方式的主要缺点是（　　　）。

A．线路利用率低，不能连接不同类型的线路组成链路

B．对网络的依赖性大

C．传输时延较长，时延离散度大

D．网络的时延较长且变化比较大

50．将一条传输信道按照一定的时间间隔分割成多条独立的传输信道的复用技术称为（　　　）。

A．频分多路复用　　　B．时分多路复用　　　C．波分多路复用　　　D．量分多路复用

二、多项选择题

51．下列关于信息和数据的关系的说法中正确的是（　　　）。

A．数字化的信息称为数据　　　　　　　B．信息可以用数字的形式表示

C．数据是信息的载体　　　　　　　　　D．信息是数据的内在含义

E．数据就是信息

52．属于单工传送方式的是（　　　）。

A．电视广播　　　　B．对讲机　　　　C．计算机网络　　　　D．无线电台

E．智能手机

53．分组交换的特点包括（　　　）。

A．传输质量高，误码率低　　　　　　　B．能选择最佳路径，结点电路利用率高

C. 适宜传输短报文　　　　　　　　　D. 存储-转发

E. 需要物理线路

54. 以下关于信道的说法中正确的是（　　　）。

A. 信道是传送信号的一条通道

B. 信道按传输介质可分为模拟信道和数字信道

C. 信道容量是指信道传输信息的最大能力

D. 信道容量越大，单位时间内传送的比特数越多

E. 信道分为物理信道和逻辑信道

55. 在数据传输过程中，下列因素中与信道的传输延迟密切相关的是（　　　）。

A. 信源端与信宿端的距离　　　　　　B. 传输速率

C. 噪声平均功率　　　　　　　　　　D. 采用的交换技术

E. 数据传输方式

三、判断题（正确的在括号内打√，错误的打×）

56. 电路交换方式在通信时需要临时建立通信线路。（　　　）

57. ATM 指的是异步传输模式。（　　　）

58. 当数据采用连续电波形式表示时，这种数据属于数字数据。（　　　）

59. 将模拟数据转化为数字数据的过程称为调制，反之属于解调。（　　　）

60. 数据传输采用按位传输的通信方式属于同步传输。（　　　）

61. 在同一条信道上既可以传输数字信号也能传输模拟信号的通信方式属于宽带传输。（　　　）

62. 波特率用于表示在数据传输过程中线路上每秒钟传送的波形个数。（　　　）

63. 数据通信系统中数据链路端接设备是 DTE。（　　　）

64. 基带传输是在数字信道上直接传送数字信息。（　　　）

65. 利用电话线传输信号属于频带传输。（　　　）

66. 数据交换技术中虚电路适合发送大批量数据交换。（　　　）

67. 通信过程中，信息的接收方称为信宿。（　　　）

68. 分组交换采用"存储-转发"方式。（　　　）

69. 通信信道的宽度是指信道所能传送的信号频率宽度。（　　　）

70. 网络通信中构成信息编码的最小单位是码字。（　　　）

四、填空题

71. 信号的传输方式有基带传输、频带传输和_____。

72. 信号分为模拟信号和_____两种形式。

73. 数据传输方式分为并行通信和串行通信，打印机与计算机的通信采用_____。

74. 常用的多路复用技术是频分多路复用、时分多路复用和_____。

75. MODEM 的主要作用是_____信号。

76. 在数据传输过程中，传输每一位数据所占的时间越短则比特率越_____。

77. 在数据通信方式中，需要两条信道的通信方式是_____。

78．电路交换的过程是建立电路、_____、撤销电路。

79．bps 是_____的单位。

80．以报文分组为单位进行传输交换的数据交换技术是_____。

五、简答题

81．简述数据通信系统的主要技术指标有哪些。

82．简述比特率、波特率、数据传输速率与信道容量的概念。

83．请写出分别按数据传输顺序、传输方式、传输信号划分的数据传输方式有哪些。

84．电话系统采用什么交换方式？该交换方式有哪些特点？

85．写出数据通信系统的组成，并分别写出各组成部分的代表设备，至少写两个。

86．按数据传输方向将数据传输方式分为单工、半双工和全双工通信，请将下表补充完整。

传 输 方 式	特 点	应用场合（至少写两个）
单工通信	①	无线电广播和电视
半双工通信	双向不同时传输	③
全双工通信	②	④

第三章

计算机网络体系结构

1. 理解协议的概念和网络体系结构的概念;
2. 理解 OSI 参考模型 7 层功能及其关系;
3. 理解 TCP/IP 协议及其功能;
4. 了解常用网络协议（IP、TCP、HTTP、FTP、TELNET、SMTP、POP3、DNS、DHCP 等）;
5. 理解 IP 地址的含义和分类，掌握 IP 地址的分配;
6. 了解子网的概念和子网掩码。

3.1 考点要求及知识梳理

【考点 1】 理解协议的概念和网络体系结构的概念

【知识梳理】

1. 网络体系结构

网络体系结构是网络各层及其协议的集合。网络体系结构是为了完成计算机间的协同工作，把计算机间互联的功能划分成具有明确定义的层次，规定了同层次进程通信的协议及相邻层之间的接口服务，下层为上层服务。

网络体系结构是抽象的，而体系结构的实现是具体的能够运行的软件和硬件。计算机网络的层次结构采用垂直分层模型表示。

（1）层次及层间关系。

①以功能作为划分层次的基础，且每层功能明确，相互独立。

②第 N-1 层为第 N 层提供服务，第 N 层是第 N-1 层的用户。

③第 N 层的实体实现自身功能的同时，直接使用第 N-1 层的服务，并通过第 N-1 层间接使用第 N-1 层以下各层的服务。

④各层仅在相邻层有接口，且所提供的具体实现对上一层完全屏蔽。

（2）对等层与相邻层。

不同结点的相同层次是对等层，也称同等层，对等层通过协议通信。

同一结点的上下两层是相邻层,相邻层通过端口通信。

(3)实体与对等实体。

每一层中的活动元素通常称为实体。实体既可以是软件实体(如一个进程),也可以是硬件实体(如智能输入/输出芯片)。

不同通信结点上的同一层实体称为对等实体。

物理媒体上实现实通信,其余对等实体间进行虚通信。

(4)接口。

接口是同一系统内相邻层之间交换信息的连接点,也是相邻层的通信规则。

2. 网络协议

网络协议是为网络数据交换而制定的规则、约定与标准,主要由三要素组成:

(1)语义:用于解释控制信息每个部分的意义。它规定了需要发出何种控制信息,以及完成的动作与做出什么样的响应。

(2)语法:用户数据与控制信息的结构与格式,以及数据出现的顺序的意义。

(3)时序:事件实现顺序的详细说明。

人们形象地把这三个要素描述为:语义表示要做什么;语法表示要怎么做;时序表示做的顺序。

【考点2】 理解 OSI 参考模型 7 层功能及其关系

【知识梳理】

国际标准化组织(ISO)于 1984 年正式颁布了"开放系统互联参考模型"(OSI/RM),该模型定义了不同计算机互联的标准,是设计和描述计算机网络通信的基本框架。"开放"是指只要遵循 OSI 标准,一个系统就可以与位于世界上任何地方、同样遵循 OSI 标准的其他任何系统进行通信。

1. OSI 参考模型

OSI 参考模型将计算机网络分为 7 层,分层原则如下:

(1)网络中各结点都具有相同的层次,相同的层次具有相同的功能。

(2)同一结点内相邻层通过接口通信。

(3)每一层可以使用下层提供的服务,并向上层提供服务。

(4)不同结点的对等层通过协议来实现对等层之间的通信。

2. OSI/RM 的层次结构(由低到高)

OSI/RM 的层次结构由低到高,依次为物理层、数据链路层、网络层、传输层、会话层、表示层、应用层,如图 3-1 和表 3-1 所示。

(1)低 3 层属于通信子网,负责创建网络通信连接。

(2)高 4 层属于资源子网,会话层、表示层、应用层又可以合称为高层,负责具体的端到端的数据通信。

(3)传输层,负责低层和高层之间的连接,也可称为低层和高层的接口,是 7 层中最复杂最关键的一层。

(4)PDU:对等层协议之间交换的数据单元统称为协议数据单元。

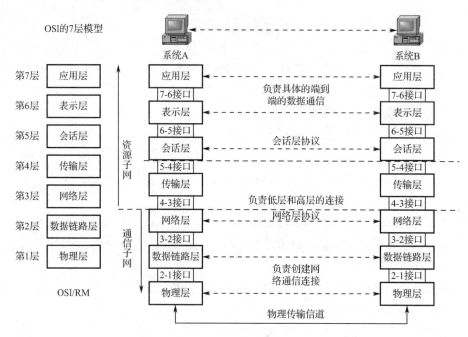

图 3-1　OSI 参考模型

表 3-1　OSI/RM 的层次结构

各层名称	功　　能	应用举例	传输单位	主要设备
第 7 层 应用层	直接为用户提供服务，处理应用程序之间的通信（用户与网络的接口）	TELNET、网络应用软件等	应用层协议数据单元（APDU）	网关
第 6 层 表示层	把低 5 层提供的数据"翻译"成通信双方都能理解的语法格式，确定数据的表示形式（数据语法转换、语法表示、数据压缩、加密）	编码形式，如 ASCII 码，图形格式 JPEG 等	表示协议数据单元（PPDU）报文	网关
第 5 层 会话层	为网络中传输的数据提供同步管理服务，两端应用程序间建立连接或会话（登录、注销）	数据库服务器与客户端通信	会话层协议数据单元（SPDU）报文	网关
第 4 层 传输层	解决数据在网络之间的传输质量问题，为两端应用程序间提供通信（处理差错、流量控制）	TCP、UDP、SPX	数据段或报文（Segment）	网关
第 3 层 网络层	解决网络之间的通信问题，在通信双方之间选择一条最佳线路，逻辑寻址和路径选择及逻辑路由（路由选择、拥塞控制）	IP、IPX	数据包或分组（Packet）	路由器、网关、三层交换机
第 2 层 数据链路层	物理寻址和对网卡的控制，把数据封装成帧（无差错的数据链路、流量控制）	IEEE802.2/802.3	数据帧（Frame）	交换机、网桥、网卡
第 1 层 物理层	在通信双方之间建立通信线路，为数据链路层提供必需的物理连接，以二进制位流形式传输数据（物理接口、物理连接）	EIS/TIA-232、V.35	比特流（Bit）	中继器、集线器、MODEM

【考点3】　理解 TCP/IP 协议及其功能

【知识梳理】

1. TCP/IP 模型

TCP/IP 是一组用于实现网络互联的通信协议，Internet 网络体系结构以 TCP/IP 为核心，它是互联网协议族中的母协议。基于 TCP/IP 参考模型将协议分为 4 层，由下而上分别为网络接口层、网络层、传输层和应用层，如图 3-2 所示。其分层特点.

（1）开放的协议标准，可以免费使用，独立于特定的计算机硬件和操作系统。

（2）独立于特定的网络硬件，可以运行在局域网、广域网和互联网中。

（3）统一的网络地址分配方案，使得整个 TCP/IP 设备在网络中都具有唯一的地址。

（4）标准化的高层协议，可以提供多种可靠的用户服务。

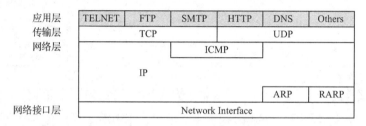

图 3-2　TCP/IP 参考模型

2. 各层的功能（如表 3-2 所示）

（1）网络接口层：与 OSI 参考模型中的物理层和数据链路层相对应，负责管理设备和网络之间的数据交换以及同一设备与网络之间的数据交换。

（2）网络层：负责管理不同设备之间的数据交换，主要解决主机到主机的通信问题，有 4 个主要协议：IP、ARP、IGMP（互联网组管理协议）、ICMP。

（3）传输层：确保数据正确无误地送达目的主机，为应用层实体提供端到端的通信功能。

（4）应用层：为各种应用程序提供所使用的协议，为用户提供所需要的各种服务。

表 3-2　TCP/IP 参考模型各层的功能

层　　次	类比例子	具体说明
应用层	快递打包过程	应用层决定了向用户提供应用服务时通信的活动。TCP/IP 协议族内预存了各类通用的应用服务。HTTP 协议也处于该层
传输层	选择什么快递，如顺丰、圆通	负责数据包的可靠传输和传输控制，提供端到端的传输
网络层	快递途中走什么路线	网络层主要作用是数据包管理和路由选择。数据包是网络传输的最小数据单位。该层规定了通过怎样的路径（所谓的传输路线）传递数据才高效、快捷
网络接口层	快递运输的交通工具，如飞机、火车	用来处理连接网络的硬件部分，包括控制操作系统、硬件的设备驱动。NIC（网络适配器，即网卡）及光纤等物理可见部分（还包括连接器等一切传输媒介）。硬件上的范畴均在链路层的作用范围之内

3．各层的协议（如表 3-3 所示）

表 3-3　TCP/IP 参考模型各层的协议

应用层	SMTP（简单邮件传输协议）	DNS（域名系统）	FTP（文件传输协议）	TFTP（简单文件传输协议）	TELNET（远程登录协议）	SNMP（简单网络管理协议）	DHCP（动态主机配置协议）
传输层	TCP（传输控制协议：可靠的面向连接的协议，将 IP 封装好的数据包排序并进行错误检查，同时实现虚电路的连接）				UDP（用户数据报协议：不可靠的无连接的协议，主要用于不要求按分组顺序到达的传输中，分组传输顺序检查与排序由应用层完成）		
网络层	ICMP（互联网控制协议）	IGMP（互联网组管理协议）	IP（网际协议：不可靠的无连接的数据报传递服务，是 TCP/IP 的心脏，IP 数据包中含有发送它的主机的地址（源地址）和接收它的主机的地址（目的地址））			地址解析协议 ARP（IP 地址转换成 MAC 地址） RARP（MAC 地址转换成 IP 地址）	
网络接口层	局域网技术：以太网、令牌环网、FDDI				广域网技术：串行线、帧中继、ATM		

【考点4】　了解常用网络协议（IP、TCP、HTTP、FTP、TELNET、SMTP、POP3、DNS、DHCP）

【知识梳理】

1．IP（网际协议）

IP 协议是 TCP/IP 的"心脏"，也是网络层中最重要的协议，提供不可靠的、无连接的数据报传递服务，使用 IP 地址确定收发端，提供端到端的"数据报"传递，用来为网络传输提供通信地址，保证准确找到接收数据的计算机。该协议规定了计算机在 Internet 上通信时必须遵守的基本规则，以确保路由的正确选择和报文的正确传输。IP 数据包中含有发送它的主机的地址（源地址）和接收它的主机的地址（目的地址）。

2．TCP（传输控制协议）

TCP 协议提供面向连接的可靠数据传输服务，用来管理网络通信的质量，保证网络传输中不发送错误信息。通过提供校验位，为每个字节分配序列号，提供确认与重传机制，确保数据可靠传输。TCP 将数据包排序并进行错误检查，同时实现虚电路间的连接。TCP 将它的信息送到更高层的应用程序，如 TELNET 的服务程序和客户程序。应用程序轮流将信息送回 TCP 层，TCP 层便将它们向下传送到 IP 层、设备驱动程序和物理介质，最后到达接收方。

通信双方建立 TCP 连接的过程是通过"三次握手"来实现的，例如 A 机器向 B 机器发送 SYN 包，请求建立连接，这时已经响应请求的 B 机器会向 A 机器回应 SYN/ACK 表明同意建立连接，当 A 机器接收到 B 机器发送的 SYN/ACK 回应时，发送应答 ACK 建立 A 机器与 B 机器的网络连接。这样一个两台机器之间的 TCP 通话信道就建立成功了，然后就可以开始传输数据。如图 3-3 所示。

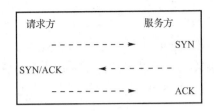

图 3-3 三次握手

TCP 连接的释放需要"四次握手"。

3．HTTP（超文本传输协议）

HTTP 协议是客户端浏览器与 Web 服务器之间的应用层通信协议，用来访问在 WWW 服务器上以 HTML（超文本标记语言）编写的页面，所有的 WWW 文件都必须遵守这个标准。HTTP 正确的格式如 http://www.stm.gov.cn。

4．FTP（文件传输协议）

FTP 协议为文件的传输提供途径，允许数据从一台主机传输到另一台主机，也可以从 FTP 服务器上传和下载文件，采用客户机/服务器工作模式，常有三种类型：传统的 FTP 命令行、浏览器和 FTP 下载工具（如 CuteFTP、FlashFXP）。

5．TELNET（远程登录）

TELNET 协议可以让本地用户登录进入远距离的另一台联网主机，成为该主机的终端，方便地操纵世界上另一端的主机。

6．SMTP（简单邮件传输协议）

SMTP 协议用于实现 Internet 中电子邮件的传送功能，用于发送邮件。

7．POP3（邮局协议）

POP3 协议用于支持使用客户端远程管理服务器上的电子邮件，用于接收邮件。

8．DNS（域名解析）

DNS 协议用于实现从域名到 IP 地址的转换。

9．DHCP（动态主机配置协议）

DHCP 协议用于实现动态获取 IP 地址，为客户端自动分配 TCP/IP 配置信息。

【考点 5】 理解 IP 地址的含义和分类，掌握 IP 地址的分配

【知识梳理】

1．IP 地址的含义

在 TCP/IP 网络中，如果两台工作站要互相通信，必须有一种机制来标识网络中的每一台主机。在实际应用中，TCP/IP 网络中的每个结点都使用一个 32 位二进制数的地址（IPv4）来标识自己，这个地址被称为 IP 地址，用来标识网络中每台计算机的一个唯一的逻辑地址。

IP 地址是一个网络编码，它既可以是一个主机（服务器、客户机）的地址，也可以是路由器一个接口的地址，即 IP 地址确定的是网络中的一个结点。如果路由器接口要进行 IP 路由，那么该接口必须配置 IP 地址。集线器与二层交换机不需要分配 IP 地址。

2．IP 地址的表示

（1）IPv4。IP 地址有 32 位，由 4 段 8 位的二进制数组成，每 8 位之间用"."隔开。由于二进制数不便记忆且可读性较差，所以通常把二进制数转换成用十进制数表示，其每段的取值范围为 0～255，计算机会自动进行二者之间的转换。因此，IP 地址通常用 4 段点分十进制数表示。例如：

二进制数表示：11000000.10101000.00000011.11001000

十进制数表示：192.168.3.200

（2）IPv6。由于 IPv4 的网络地址资源数量有限，严重制约了互联网的应用和发展。为解决 IP 地址匮乏问题，出现了 IPv6。IPv6 的地址长度为 128 位二进制数，是 IPv4 地址长度的 4 倍，通常采用冒号分十六进制数表示，如 ABCD:EF01:2345:6789:ABCD:EF01:2345:6789。

3．IP 地址的结构：网络号（网络地址）+主机号（主机地址）

网络号：表示网络规模的大小，用于标识一个网络，同一个网络中每台主机的网络号必定相同。

主机号：表示网络中主机的编号，用于标识和区别网络中的每台主机，同一个网络中的每台计算机主机号都不同。

IP 数据包从一个网络到达另一个网络时，选择路径基于网络地址而不是主机地址。

4．IP 地址分类

根据网络规模不同，将 IP 地址分为五类，如表 3-4 和图 3-4 所示。

表 3-4　IP 地址分类

类　别	32 位位次序数					首字节范围	网 络 个 数	主 机 个 数
	0	7	15	23	31			
A	0					1~126	126	1677721
B	10					128~191	16384	65534
C	110					192~223	2097152	254
D	1110		组播地址			224~239		
E	11110		保留地址			240~254		

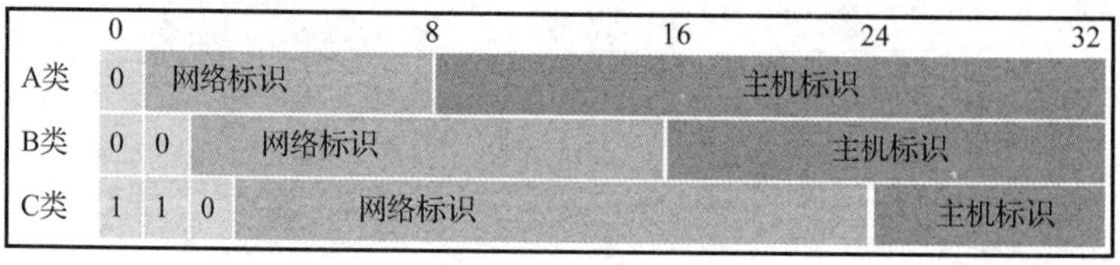

图 3-4　IP 地址分类

（1）A 类 IP 地址。A 类 IP 地址的第一个字节表示网络地址，后三个字节表示主机地址，网络数最少，但同一个网络下的主机数最多，适用于大规模的网络，如 125.121.122.1。

（2）B 类 IP 地址。B 类 IP 地址的前两个字节表示网络地址，后两个字节表示主机地址，适用于中等规模的网络，如 129.121.122.1。

（3）C 类 IP 地址。C 类 IP 地址的前三个字节表示网络地址，最后一个字节表示主机地址，适用于小规模的网络，如 193.121.122.1。

（4）D 类 IP 地址。D 类 IP 地址当作组播地址，用于组播通信，用户不能使用。

（5）E 类 IP 地址。E 类 IP 地址属于扩展备用地址，用于科学研究，用户不能使用。

5. 特殊的 IP 地址

（1）网络地址：网络号+全 0 的主机号，主机地址全为 0 的网络地址被解释成"本"网络，如 126.0.0.0，128.1.0.0，192.186.10.0。

（2）回送（测试）地址：以 127 开头的地址，测试 TCP/IP 协议安装是否正确，用于测试本地网络是否正常，如 127.0.0.1。

（3）直接（定向）广播地址：主机号全为 1，表示网络上的所有主机，如 136.78.255.255 是 B 类地址中的一个广播地址，将信息发送到网络地址为 136.78.0.0 的所有主机。

（4）有限广播地址：255.255.255.255，表示全网广播地址（本地网络广播）。

（5）本地（私有）地址：本地内部网络使用，不能在 Internet 上使用。主要包括以下几个网段：

A 类：10.0.0.0～10.255.255.255。

B 类：172.16.0.0～172.31.255.255。

C 类：192.168.0.0～192.168.255.255。

（6）0.0.0.0：表示任意的网络。

6. 网关（Gateway）地址

网关是一个逻辑上的概念，指的是一个网络的出口，好比一座城市的城门，所有要出城的人通过城门才能出城。同样的道理，一个局域网中的计算机要和本网络以外的计算机进行通信的话，其发送的数据包必须先发送到本地局域网的网关，通过网关来转发数据包。

网络中通过 IP 地址来标识网络中的主机，网关也有自己的 IP 地址，即网关地址。局域网中的主机必须知道网关地址才能将数据包发往网关，从而实现和外界计算机之间的通信。因此，网关用于连接两个完全不同的网络（异构网），是一个网络与另一个网络相连的通道。

网关（Gateway）又称网间连接器、协议转换器，有硬件网关、软件网关之分。可作为网关的设备有很多，如路由器、一台安装有多块网卡的计算机等。

7. IP 地址的管理机构

IP 地址由 ICANN（the Internet Corporation for Assigned Names and Numbers）统一负责规划和管理，由 InterNIC、APNIC、RIPENIC 三大网络中心具体负责。我国申请 IP 地址要通过 APNIC（总部在日本东京）。

【考点 6】　了解子网的概念和子网掩码

【知识梳理】

1. 子网

IP 地址是以网络号和主机号来表示网络上的主机的，只有在同一个网络号下的计算机之间才能直接通信，不同网络号的计算机要通过网关才能互通。把基于每类 IP 的网络进一步分成更小的网络，称为子网。每个子网由路由器界定并分配一个新的子网地址，子网地址是借用基于每类 IP 的网络地址的主机部分创建的。划分子网后，通过使用子网掩码，把子网隐藏起来，使得从外部看网络没有变化。

2．子网掩码

（1）表示方式：对应 IP 地址的网络部分用 1 表示，主机部分用 0 表示。常用的书写格式：IP 地址/网络号位数，如 192.168.1.1/24，表示网络号是 24 位，子网掩码是 11111111.11111111.11111111.00000000，即 255.255.255.0。

A、B、C 三类 IP 地址的默认子网掩码如表 3-5 所示。

表 3-5　A、B、C 三类 IP 地址的默认子网掩码

类　　别	IP 地址范围	子　网　掩　码	主　机　数
A	1.0.0.0～126.255.255.255	255.0.0.0	2^{24}-2
B	128.0.0.0～191.255.255.255	255.255.0.0	2^{16}-2
C	192.0.0.0～223.255.255.255	255.255.255.0	2^{8}-2

（2）功能：根据计算网络地址与主机地址，判断任意两个 IP 地址是否属于同一子网。子网掩码与 IP 地址按位进行"与"运算得到网络地址，如果网络号相同称之为本地网络，可以直接访问；如果网络号不同称之为远程网络，需要通过网关进行数据转发。子网掩码取反后与 IP 地址按位进行"与"运算得到主机地址，如图 3-5 所示。

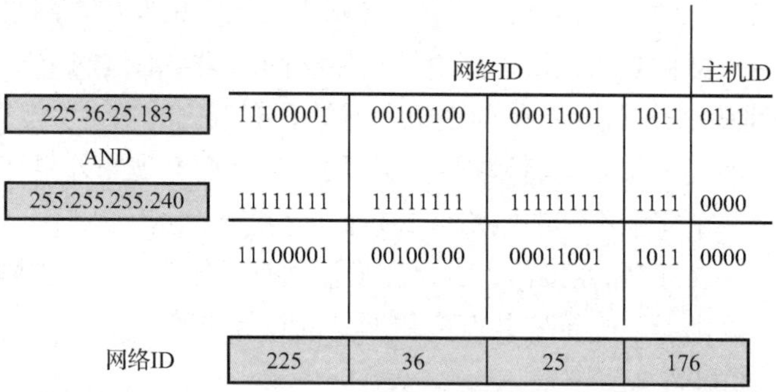

图 3-5　子网掩码计算

3．可变长掩码（VLSM）

在没有 VLSM 的情况下，一个网络只能使用一种子网掩码，限制了在给定的子网数目条件下主机的数目。将一个大的 IP 网络划分为若干小的子网络，需要每一段使用不同的网络号或子网号，实际上是将主机号分为两个部分：子网号+子网主机号，如图 3-6 所示。表示形式如下：

未做子网划分的 IP 地址：网络号＋主机号。

做子网划分后的 IP 地址：网络号＋子网号＋子网主机号。

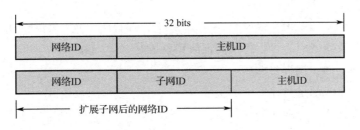

图 3-6 变长子网掩码

4．子网应用

（1）根据 IP 地址和子网掩码求子网数和主机数。

将子网掩码转换为二进制数，求出子网网络位数 n 和主机位数 m。主机数=2^m-2，子网数=2^n。

【例题 1】 在校园网中，通过子网划分，给某个部门分配的 IP 地址块是 192.168.1.0/25，该 IP 地址块最多能给＿＿＿台计算机提供 IP 地址。

【解析】 由已知条件可知，网络位数占 25 位，主机位数占 32-25=7 位，所以可用主机数为：2^7-2=126 台。

（2）根据 IP 地址和主机数量（或子网数量）求子网掩码。

根据公式 2^n≥子网数量，求出至少需要的网络位数 n，然后从主机位借 n 位作为划分子网的网络位数。

根据公式 2^m-2≥主机数量，求出至少需要的主机位数 m。

【例题 2】 将 B 类 IP 地址 168.195.0.0 划分成 27 个子网，求划分后子网掩码。

【解析】 由公式 2^n≥27，可推出 n≥5，即借用 5 位主机号作为子网号，即将主机地址前 5 位置 1，即 11111000，转化为十进制数即 248，所以子网掩码为 255.255.248.0。

【例题 3】 一个公司有 5 个部门，每个部门有 20 台计算机，公司申请了一个地址块为 201.1.1.0/24 的网络，求规划后的子网掩码。

【解析】 由公式 2^n≥5，可推出 n≥3；由公式 2^m-2≥20，可推出 m≥5。因为 201.1.1.0/24 是一个 C 类地址，有 $m+n$=8，而 n=3，m=5，可以符合要求，所求的子网掩码最后 8 位为 11100000，十进制数为 224，所以划分子网后子网掩码为 255.255.255.224。

3.2 单元过关测验

一、单项选择题

1．两个网络系统之间的通信是在协议控制下进行的，这时信息是（　　）。

A．虚通信

B．在对等层之间流动的

C．直接从信源通过信道流向信宿

D．先在一个系统中从上而下垂直流下来，再在另一个系统中从下至上垂直传上去

2．在网络协议中，数据的格式及编码属于协议组成要素的（　　）。

A．语法　　　　　　　B．语义　　　　　　　C．时序　　　　　　　D．语境

3．在 OSI 参考模型中，对于各层的理解错误的是（　　）。

A．每一层向上面一层提供服务

B．每一层的服务都是具体实现的描述

C．直接的数据传送只能在最底层

D．修改每层的功能并不影响其他层的功能

4．具有不同信息表示标准的两个系统通信时，数据表示格式的转换在 OSI 参考模型中的（　　）层实现。

A．表示　　　　　　　B．传输　　　　　　　C．会话　　　　　　　D．应用

5．数据链路层的主要任务是（　　）。

A．保证物理上相邻的两个机器之间进行可靠的数据传输

B．保证端到端的可靠数据传输

C．保证源结点到目的结点进行可靠的数据传输

D．保证进行可靠的数据传输

6．在 OSI 参考模型中负责路径选择、流量控制的是（　　）。

A．应用层　　　　　　B．网络层　　　　　　C．表示层　　　　　　D．链接层

7．在国际标准化组织制定的开放系统互联参考模型中，最低的层次是（　　）。

A．表示层　　　　　　B．应用层　　　　　　C．物理层　　　　　　D．网络层

8．TCP/IP 协议的特点是（　　）。

A．它只能用于因特网

B．协议简单，传输不可靠

C．所有设备具有唯一的 IP 地址

D．它是一个开放的协议标准，独立于特定的操作系统，但不能独立于硬件

9．下列选项中属于 TCP/IP 体系结构中网络层协议的是（　　）。

A．POP3　　　　　　　B．SNMP　　　　　　C．IP　　　　　　　　D．UDP

10．TCP/IP 参考模型中的 TCP 协议对应着 OSI 参考模型的（　　）。

A．物理层　　　　　　B．数据链路层　　　　C．应用层　　　　　　D．传输层

11．用户登录 QQ 和微信，需要用到的协议是（　　）。

A．HTTP　　　　　　　B．FTP　　　　　　　C．TELNET　　　　　D．SMTP

12．按照 TCP/IP 协议，接入 Internet 的每一台计算机都有一个唯一的地址标识，这个地址标识为（　　）。

A．主机地址　　　　　B．网络地址　　　　　C．IP 地址　　　　　　D．端口地址

13．IP 地址 172.16.49.31/16 的网络 ID 和主机 ID 分别是（　　）。

A．172 和 16.49.31　　　　　　　　　　　B．172.16 和 49.31

C．172.16.49 和 31　　　　　　　　　　　D．172.16.49.31 和 172.16.49.31

14．IP 地址 202.201.216.62 属于（　　）IP 地址。

A．A 类　　　　　　　B．B 类　　　　　　　C．C 类　　　　　　　D．D 类

15. C 类 IP 地址，每个网络下主机数最多有（　　　）。

A. 127 台　　　　　　B. 254 台　　　　　　C. 512 台　　　　　　D. 256 台

16. 如果 IP 地址为 202.130.191.33，子掩码为 255.255.255.0，那么网络地址为（　　　）。

A. 202.130.0.0　　　　B. 202.0.0.0　　　　C. 202.130.191.33　　D. 202.130.191.0

17. 没有任何子网划分的 IP 地址 125.3.54.56 的网络地址是（　　　）。

A. 125.0.0.0　　　　　B. 125.3.0.0　　　　C. 125.3.54.0　　　　D. 125.3.54.32

18. IPv4 地址是一个 32 位的二进制数，它的表示方法通常采用点分（　　　）。

A. 二进制数表示　　　　　　　　　　　B. 八进制数表示

C. 十进制数表示　　　　　　　　　　　D. 十六进制数表示

19. IP 地址 129.66.51.37 的网络号是（　　　）。

A. 129.66　　　　　　B. 129　　　　　　　C. 129.66.51　　　　D. 37

20. 以下 IP 地址中，属于 C 类 IP 地址的是（　　　）。

A. 3.3.57.0　　　　　　B. 193.1.1.2　　　　C. 131.107.2.89　　　D. 190.1.1.4

21. 用作回送（测试）的 IP 地址是（　　　）。

A. 164.0.0.0　　　　　B. 130.0.0.0　　　　C. 200.0.0.0　　　　D. 127.0.0.1

22. 171.16.255.255 代表的是（　　　）。

A. 主机地址　　　　　　B. 网络地址　　　　C. 组播地址　　　　D. 广播地址

23. 小明家注册了一个 IP 地址 132.121.100.1，它属于（　　　）IP 地址。

A. A 类　　　　　　　　B. B 类　　　　　　C. 类　　　　　　　D. D 类

24. 下面哪一个是有效的 IP 地址？（　　　）

A. 120.50.130.256　　B. 130.120.20.45　　C. 192.202.130.255　D. 192.168.1.0

25. 默认情况下，C 类 IP 地址对应的子网掩码为（　　　）。

A. 255.0.0.0　　　　　　　　　　　　　B. 255.255.0.0

C. 255.255.255.0　　　　　　　　　　　D. 255.255.255.255

26. 子网掩码 255.255.192.0 的二进制数表示为（　　　）。

A. 11111111 11110000 00000000 00000000

B. 11111111 11111111 00001111 00000000

C. 11111111 11111111 11000000 00000000

D. 11111111 11111111 11111111 00000000

27. 数据帧中所包含的物理地址又称为（　　　）。

A. IP 地址　　　　　　B. TCP/IP 地址　　　C. MAC 地址　　　　D. 链路地址

28. 在 OSI 7 层参考模型中，处于数据链路层与传输层之间的是（　　　）。

A. 物理层　　　　　　　B. 网络层　　　　　C. 会话层　　　　　D. 表示层

29. 在 OSI 参考模型中，负责为用户提供可靠的端到端服务的是（　　　）。

A. 网络层　　　　　　　B. 传输层　　　　　C. 会话层　　　　　D. 表示层

30. IE 浏览器工作在 OSI 参考模型的（　　　）。

A. 网络层　　　　　　　B. 表示层　　　　　C. 应用层　　　　　D. 物理层

31．网卡、交换机等物理设备工作在（　　）。

A．物理层　　　　　　B．数据链路层　　　　C．网络层　　　　　　D．传输层

32．能将 MAC 地址转换成 IP 地址的协议是（　　）。

A．TCP　　　　　　　B．ARP　　　　　　　C．UDP　　　　　　　D．RARP

33．ARP 协议的作用是（　　）。

A．将域名解析为 IP 地址　　　　　　　　　B．将计算机名解析为 MAC 地址

C．将主机名解析为 IP 地址　　　　　　　　D．将 IP 地址解析为 MAC 地址

34．在局域网中访问某一台主机，不可使用（　　）。

A．域名　　　　　　　B．IP 地址　　　　　　C．计算机名　　　　　D．MAC 地址

35．IP 地址 192.168.0.1 对应的默认子网掩码是（　　）。

A．255.0.0.0　　　　　　　　　　　　　　　B．255.255.0.0

C．255.255.255.0　　　　　　　　　　　　　D．255.255.255.255

36．一个 B 类 IP 地址，在同一个网络中能支持的主机台数最多为（　　）。

A．254　　　　　　　　B．1024　　　　　　　C．65534　　　　　　　D．16284

37．以下与 IP 地址 198.168.5.1 处于同一个网络的 IP 地址是（　　）。

A．168.198.5.1　　　　B．198.168.2.1　　　　C．1.5.168.198　　　　D．198.168.5.2

38．关于 Internet 上的计算机，下列描述中错误的是（　　）。

A．一台计算机可以有一个或多个 IP 地址

B．可以两台计算机共用同一个 IP 地址

C．每台计算机都有不同的 IP 地址

D．每台计算机一定要有 IP 地址

39．以下关于 TCP 协议的说法中不正确的是（　　）。

A．TCP 称为传输控制协议　　　　　　　　B．TCP 协议工作在传输层

C．TCP 负责数据包的校验、差错处理　　　D．TCP 负责对数据包编码、编址

40．关于 OSI 参考模型中各层关系的描述中，错误的是（　　）。

A．第 N-1 层为第 N 层提供服务　　　　　B．第 N 层为第 N-1 层提供服务

C．每层功能明确，相互独立　　　　　　　D．相邻层间才有接口，不能跨层通信

二、多项选择题

41．下列属于应用层协议的有（　　）。

A．FTP　　　　　　　B．HTTP　　　　　　C．DNS　　　　　　　D．IP

E．SMTP

42．以下属于 TCP/IP 模型协议层的有（　　）。

A．链路层　　　　　　B．网络接口层　　　　C．传输层　　　　　　D．网络层

E．应用层

43．关于 IP 地址，以下说法中正确的是（　　）。

A．C 类地址就是局域网用的 IP 地址

B．B 类地址的网络号占两个字节

C．网络 ID 不能以数字 0 或 127 开头

D．主机 ID 不能使用全 0 或全 1

E．A 类地址用于大规模网络

44．在 OSI 参考模型的 7 层协议中，属于通信子网的是（　　　）。

A．应用层　　　　　B．物理层　　　　　C．数据链接层　　　　D．表示层

E．网络层

45．工作在 OSI 参考模型的网络层的设备有（　　　）。

A．三层交换机　　　B．集线器　　　　　C．路由器　　　　　　D．网卡

D．网关

三、判断题（正确的在括号内打 √，错误的打 ×）

46．计算机网络体系结构是层次和协议的集合。（　　　）

47．OSI 参考模型有 7 个功能层，从上往下第二层是会话层。（　　　）

48．在 OSI 参考模型中，物理层负责完成相邻两个结点间比特流的传输。（　　　）

49．在 TCP/IP 协议族的层次中，解决计算机之间通信问题是在应用层。（　　　）

50．设备工作的层次越高，说明其性能也越好，档次也就越高。（　　　）

51．通过 IP 协议实现网络与网络之间的互联。（　　　）

52．IP 地址共有 5 类，每类地址用户都能使用。（　　　）

53．用户随便指定一个合法 IP 地址都能将计算机连入网络。（　　　）

54．在 OSI 参考模型中，不同系统对等层之间按相关协议进行通信，同一系统相邻层之间通过接口进行通信。（　　　）

55．OSI 参考模型中，传输层是最重要和复杂的一层。（　　　）

56．TCP 协议提供可靠的面向连接的服务。（　　　）

57．IP 地址与域名的相互映射使用的协议是 DNS。（　　　）

58．UDP 协议提供不可靠无连接的服务。（　　　）

59．客户端与服务器双方建立 TCP 连接的过程是通过"三次握手"来实现的。（　　　）

60．IPv6 版本的 IP 地址是 64 位二进制数。（　　　）

四、填空题

61．数据在网络中传输的规则、约定和标准统称为_____。

62．网络协议由语义、_____和时序三个要素组成。

63．OSI 参考模型从下到上分别为物理层、数据链路层、_____、传输层、会话层、_____、_____。

64．数据链路层传送信息的单位是_____。

65．如果我们需要自动为客户机分配 TCP/IP 参数，可以使用的协议是_____。

66．IP 地址是由主机地址和_____组成的。

67．将用二进制数表示的子网掩码与 IP 地址按位进行_____运算即可得到网络号，IP 地址按位减去网络号即可得到_____。

68．ISO 制定的标准化开放式的网络参考模型"开放系统互联"简称为_____。

69. 负责将 IP 地址划分为网络号与主机号的是_____。

70. 物理层、网络层传输的数据单位分别是_____、_____。

五、简答题

71. 按由下而上的顺序写出 OSI 参考模型的功能层名称，并说明 TCP、IP、FTP 协议分别工作在哪一层。

72. 按由下而上的顺序写出 TCP/IP 模型的功能层名称，并说明各层分别对应 OSI 参考模型的哪些层。

73. 判定一个 IP 地址的类别可以依据子网掩码或首字节的范围。

（1）请分别写出 A 类、B 类、C 类 IP 地址默认情况下的子网掩码。

（2）请分别写出 A 类、B 类、C 类 IP 地址首字节的范围。

74. 某个网络的 IP 地址空间为 201.1.5.0/24，采用子网划分，子网掩码为 255.255.255.248。据此回答以下问题：

（1）该 IP 地址属于哪一类？

（2）最多可以划分多少个子网？

（3）每个子网最多有多少台计算机？

（4）写出第二个子网的网络号。

（5）写出第二个子网可用的 IP 地址范围。

75. 根据 191.168.10.11/16，写出其所属的 IP 地址类别、子网掩码、网络号、主机号。

76. 上级给某部门分配的 IP 地址块是 192.168.3.0/26，请回答以下问题：

（1）该 IP 地址块每个子网最多可以连接多少台主机？

（2）该 IP 地址块使用的子网掩码是什么？

（3）该 IP 地址第一个子网的广播地址是多少？

第四章

计算机网络设备

 **考纲要求**

1. 了解传输介质的种类（双绞线、同轴电缆、光纤等）及各自特点；
2. 掌握双绞线的制作与连接方法；
3. 了解常见网络设备（网卡、交换机、路由器、网关、防火墙）的应用；
4. 掌握交换机的功能及基本应用；
5. 掌握路由器的功能及基本应用。

4.1 考点要求及知识梳理

【考点1】 了解传输介质的种类（双绞线、同轴电缆、光纤等）及各自特点

【知识梳理】

传输介质决定了网络的传输速率、网络段的最大长度、传输的可靠性及网卡的复杂性，分为有线传输介质和无线传输介质，如图 4-1 所示。局域网常用的传输介质有同轴电缆、双绞线、光纤与无线介质。

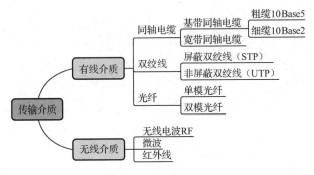

图 4-1 网络传输介质

1. **同轴电缆**

（1）结构与分类。同轴电缆由内导体、绝缘层、屏蔽层和外保护层组成，如图 4-2 所示。

同轴电缆又分为基带同轴电缆和宽带同轴电缆。按直径的不同，基带同轴电缆（50Ω）可分为粗缆和细缆。

（2）主要特征。

①连接距离：粗缆最远 2500m（单段最远 500m）；细缆最远 925m（单段最远 185m）。

②安装维护：粗缆安装过程不需要切断电缆，要单独安装收发器和收发器电缆，难度大，造价高；细缆安装过程需要切断电缆，造价低，但接头多时容易产生接触不良的隐患。

③抗干扰能力：强。

④拓扑结构：总线型，不易维护。

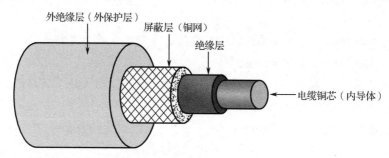

图 4-2　同轴电缆结构图

2．双绞线

（1）结构。双绞线由两根绞合的绝缘铜线外部包裹橡胶外皮构成，分为两对线型（4 根线）和四对线型（8 根线），两对线型的接插头称为 RJ-11，四对线型的接插头称为 RJ-45（俗称水晶头）。

（2）分类。

屏蔽双绞线（STP）：在普通双绞线的外面增加一层金属屏蔽层，形成屏蔽双绞线。屏蔽层用作接地，是一些设备中使用的特殊铜导线。

非屏蔽双绞线（UTP）：由四组两条一对地互相缠绕并包装在绝缘管套中的铜线所组成，每对相同颜色的线传递来回两个方向的电脉冲，利用电磁感应相互抵消的原理来屏蔽频率小于 30MHz 的电磁干扰。双绞线结构图如图 4-3 所示。

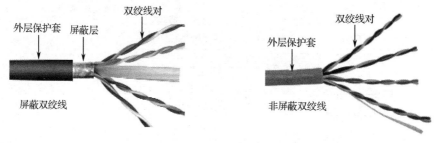

图 4-3　双绞线结构图

双绞线按传输特性可分为 7 类：1 类线、2 类线、3 类线、4 类线、5 类线、超 5 类线、6 类线。

1 类线：主要用于传输语音，不用于数据传输；

2 类线：用于语音传输和最高传输速率 4Mbps 的数据传输；

3 类线：主要用于 10 兆以太网（10Base-T）；

4 类线：主要用于 16 兆的令牌环局域网和 10 兆以太网；

5 类线：主要用于百兆以太网（100Base-T），是目前最常用的电缆；

超 5 类线：主要用于百兆以太网（100Base-T）和千兆以太网（1000Base-T）；

6 类线：适用于传输速率高于 1Gbps 的应用。

双绞线标识"10Base-2"中，"10"表示传输速率为 10Mbps，"Base"表示基带传输，"2"表示单段距离不超过 200m；标识"100Base-T"中，"T"表示非屏蔽双绞线。

（3）主要特性：

①传输距离一般不超过 100m，传输速率随双绞线类型而异；

②价格低，质量轻，易弯曲，安装维护容易；

③可以将串扰减至最小或加以消除，屏蔽双绞线抗外界干扰能力强；

④具有阻燃性；

⑤适用于结构化综合布线。

（4）RJ-45 接线标准（如表 4-1 和表 4-2 所示）。

表 4-1　EIA/TIA 568A 接线标准

RJ-45 线槽	1	2	3	4	5	6	7	8
颜色	白绿	绿	白橙	蓝	白蓝	橙	白棕	棕

表 4-2　EIA/TIA 568B 接线标准

RJ-45 线槽	1	2	3	4	5	6	7	8
颜色	白橙	橙	白绿	蓝	白蓝	绿	白棕	棕

3．光纤

（1）结构。光纤的横截面为圆形，由纤芯、包层和外保护套构成。光纤结构图如图 4-4 所示。

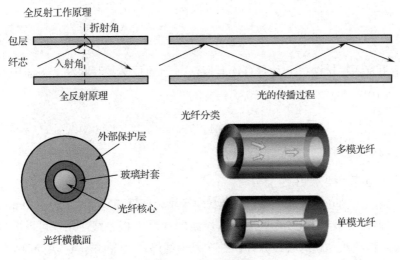

图 4-4　光纤结构图

（2）传输原理。

发送端：将电信号通过发光二极管转换为光信号。

接收端：用光电二极管将光信号转换成电信号。

（3）分类。

单模光纤：只传输单一基模的光，光信号沿轴路径直线传输，速率高，传输距离远，成本高。

多模光纤：可以传输多种模式的光，光信号在光纤壁之间波浪式反射，传输距离较近，损耗大，成本低。

（4）主要特性：

①信道带宽大，传输速率快，可达 1000Mbps 以上。

②传输距离远，就单段光纤的传输距离而言，单模光纤可达几十千米，多模光纤可达几千米。

③抗干扰能力强，传输质量高，由于光纤中传输的是光信号，所以不受外部电磁场干扰。

④信号串扰小，保密性好。

⑤光纤尺寸小，质量轻，便于敷设和运输。

⑥制作光纤的材料就是制作塑料或玻璃的材料，质地较脆，机械强度低，材料来源丰富，环保。

⑦无辐射，难以窃听。

⑧光缆适应性强，寿命长。

4．无线传输介质

（1）分类：无线电波、微波、卫星通信、激光和红外线等。

（2）特性：无线传输可以突破有线网的限制，布线、安装方便，利用空间电磁波实现站点之间的通信，可以为广大用户提供移动通信。

【考点2】 掌握双绞线的制作与连接方法

【知识梳理】

网线水晶头有两种接法：一种是直连互联法，一种是交叉互联法。下面用双绞线制作一根交叉线。

1．制作工具

双绞线、RJ-45 水晶头、压线钳、测线仪。

2．制作过程

"剥""理""剪""插""压""测"。

第 1 步，剥皮：剥开双绞线一端的外绝缘护套，刀口长度一般为 20～30mm。

第 2 步，理线：剥除外包皮后会看到双绞线的 4 对 8 根芯线，用户可以看到每对芯线的颜色各不相同。将绞在一起的芯线分开，并按以下线序理直（如图4-5所示）：

EIA/TIA 568A 线序：白绿/绿/白橙/蓝/白蓝/橙/白棕/棕；

EIA/TIA 568B 线序：白橙/橙/白绿/蓝/白蓝/绿/白棕/棕。

第 3 步，剪线：剪齐线端，把整理好线序的 8 根线头一次剪掉，长度留 15mm 左右。

第 4 步，插线：使 RJ-45 插头的弹簧卡朝下，然后将正确排列的双绞线插入 RJ-45 插头中。一定要将各条芯线都插到底部。

第 5 步，压线：将插入双绞线的 RJ-45 插头插入压线钳的压线插槽中，用力压下压线钳的手柄，使插头的针脚都能接触到双绞线的芯线。

第 6 步，测线：完成双绞线一端的制作工作后，按照相同的方法制作另一端即可。在完成双绞线的制作后，使用网线测试仪对网线进行测试：8 个绿色指示灯都顺利闪过，说明制作成功。

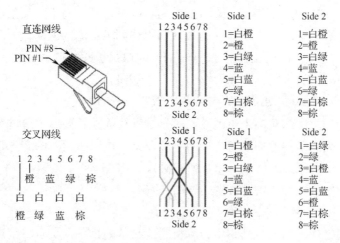

图 4-5　双绞线接法线序

3．连接方法（不同设备用直连线，相同设备用交叉线）

（1）直连线（直通线、正接线）：两端线序一致，用于连接不同类型的设备，比如交换机与计算机，计算机与路由器。

（2）交叉线（反接线）：两端分别使用不同的接线标准，一端用 T568A，一端用 T568B，用于连接相同类型的设备，比如交换机与交换机，集线器与集线器，计算机与计算机。

【考点3】　了解常见网络设备（网卡、交换机、路由器、网关、防火墙）的应用

【知识梳理】

1．调制解调器（MODEM，物理层设备）

调制解调器是两台计算机通过电话线进行数据传输时，负责数模（D/A）相互转换的设备。

（1）主要功能。

①调制：计算机发送数据时，把数字信号转换为电话线上能传输的模拟信号。

②解调：计算机接收数据时，把电话线上的模拟信号还原为计算机能识别的数字信号。

（2）分类：外置式和内置式。

2．集线器（HUB，物理层设备）

（1）主要功能。对接收到的信号进行再生整形放大，以扩大网络的传输距离，同时把所有结点集中在以它为中心的结点上，采用 CSMA/CD 访问方式。

集线器每个接口简单地收发比特，收到 1 就转发 1，收到 0 就转发 0，不进行碰撞检测。它采用广播方式发送数据，也就是说当它要向某结点发送数据时，不是直接把数据发送到目的结点，而是把数据包发送到与集线器相连的所有结点。这种方式，广播报文泛滥，网络较大时甚至可能造成网络瘫痪，所以，只适合较小的网络，比如家庭内部的局域网。

HUB 是一个多端口的转发器，当以 HUB 为中心设备时，网络中某条线路产生了故障，并不影响其他线路的工作，所以，HUB 在局域网中得到了广泛的应用，大多数的时候它用在星形与树形网络拓扑结构中。HUB 的"Up-Link"端口是级联端口。

（2）分类。按支持的传输速率分为 10Mbps、100Mbps。

3．中继器（Repeater，重发器，物理层设备）

（1）主要功能。负责连接各个电缆段，对信号进行放大和整形，通过对数据信号的重新发送或者转发来扩大网络传输的距离，适用于类型完全相同的两个网络互联（不能用于连接两个不同类型协议的网段，如以太网和令牌环网）。

（2）分类：直接放大式和信号再生式。

4．网卡（NIC，数据链路层设备）

网卡又称为网络适配器，是网络中计算机通信必备的设备，负责将用户要传递的数据转换为网络上其他设备能识别的格式。一台计算机可以绑定多个网卡，每个网卡可以绑定一个 MAC 地址和一个 IP 地址。

（1）主要功能。

①数据的封装与解封：发送时将上一层交下来的数据加上首部和尾部，成为以太网的帧。接收时将以太网的帧剥去首部和尾部，送交上一层。

②链路管理：CSMA/CD（带冲突检测的载波监听多路访问）协议的实现。

③编码与译码：曼彻斯特编码与译码。

④数据缓存功能。网卡中的数据缓冲存储器是主机与网卡交换数据的中转站。

⑤控制数据的收发功能。

（2）分类。

①按支持的计算机种类分：标准的以太网卡（台式机）、PCMCIA 网卡（便携机）。

②按支持的传输速率分：10Mbps、100Mbps、1000Mbps、10Gbps 等。

③按支持的电缆接口分：RJ-45 接口（双绞线）、BNC 接口（细同轴电缆）、AUI（粗同轴电缆）。

（3）物理地址（MAC 地址）。由 48 位二进制数组成，通常用 12 位十六进制数来表示（十六进制的数码用 0～9，A～F），如 54-2F-75-09-B4-B6。

查看 MAC 地址的命令：ipconfig/all，同时还可以查看主机名、IP 地址、子网掩码、网关、

DNS 服务器地址、DHCP 服务器地址。

在网络上的每一台计算机都必须拥有一个独一无二的 MAC 地址。

（4）性能指标。标准（如 IEEE802.3）、协议（如 CSMA/CD）、特性（机械特性、电气特性、功能特性、规程特性）。

5. 网桥（数据链路层设备）

网桥用于连接两个相似的网络，根据 MAC 地址来转发帧。它可以有效地连接两个 LAN，使本地通信限制在本网段内，转发相应的信号至另一网段。其主要作用包括：

（1）隔离局域网间的冲突。

（2）提高网络性能。

（3）提高网络的安全性。

（4）扩展网络覆盖范围。

6. 防火墙

防火墙（Firewall）是保护网络安全的访问控制设备，是架设在内部网和外部网之间、专用网与公共网之间的保护屏障。防火墙分为硬件防火墙和软件防火墙两种，其主要功能包括隔离、阻挡攻击（防黑客）、入侵检测、访问权限控制、过滤及屏蔽垃圾信息等。

【考点4】　掌握交换机的功能及基本应用

【知识梳理】

交换机的英文名为 Switch，也叫多端口网桥。交换机工作在 OSI 参考模型中的第二层即数据链路层，用于连接终端设备，如计算机及网络打印机等，也可以连接两个或两个以上的局域网，组成更大的网络。

1. 工作原理

交换机根据所接收帧的源 MAC 地址构造转发表，根据所接收帧的目的地址进行过滤和转发操作，相当于一个多端口的网桥，可以在同一时刻进行多个端口对之间的数据传输，每一端口都可视为独立的网段，连接在其上的网络设备独自享有全部的带宽。

2. 主要功能

（1）地址学习：将每一端口相连设备的 MAC 地址同相应端口映射起来，构成 MAC 地址表存放在交换机的缓存中。

（2）转发/过滤：当一个数据帧的目的地址在 MAC 地址表中映射时，它被转发到连接目的地结点端口，而不是所有端口。如果交换机收到的数据帧中的目的 MAC 地址不在 MAC 地址表中，则向所有端口转发。另外，广播帧和组播帧也向所有的端口转发。

（3）消除回路：通过生成树协议避免回路的产生，同时允许存在后备路径。

交换机连接的设备依然在一个广播域中，当交换机收到广播数据包时，会在所有的设备中进行传播，在一些情况下会形成广播风暴，导致网络拥塞以及安全隐患。

3. 交换方式

（1）直通式：直通方式中交换机在输入端口检测到一个数据包时，检查该包的包头，获取包的目的地址，启动内部的动态查找表转换成相应的输出端口，在输入与输出交叉处接通，把数据包直通到相应的端口，实现交换功能。

（2）存储-转发式：存储-转发方式是计算机网络领域应用最为广泛的方式。

（3）碎片隔离：这是介于前两者之间的一种解决方案。

4．分类（从网络覆盖范围划分）

（1）广域网交换机。

（2）局域网交换机。

①根据传输介质和传输速度划分。

a．以太网交换机：指带宽在 100Mbps 以下的以太网所用交换机。

b．快速以太网交换机：指在普通双绞线或者光纤上实现 100Mbps 传输带宽的交换机。

c．千兆（G 位）以太网交换机：用于千兆以太网中，带宽可以达到 1000Mbps，一般用于大型网络的骨干网段，所采用的传输介质有光纤、双绞线两种，对应的接口为"SC"和"RJ-45"两种。

d．10 千兆（10G 位）以太网交换机：主要是为了适应当今 10 千兆以太网的接入，也称之为"10G 以太网交换机"，一般用于骨干网段上，采用的传输介质为光纤，其接口方式也就相应为光纤接口。其价格非常昂贵（一般要 2～9 万美元不等），目前使用不普遍。

e．FDDI 交换机：光纤接口交换机，FDDI 技术是指光纤分布式数据接口。

f．ATM 交换机：广泛用于电信、邮政网的主干网段，因此其交换机产品在市场上很少看到。它的传输介质一般采用光纤，接口类型同样一般有两种——以太网 RJ-45 接口和光纤接口，这两种接口适合与不同类型的网络互联。

②根据交换机工作的协议层划分。网络设备都是对应工作在 OSI/RM 这一开放模型的一定层次上的，工作的层次越高，说明其设备的技术性越高，性能也越好，档次也就越高。交换机也一样，随着交换技术的发展，交换机由原来工作在 OSI/RM 的第二层，发展到现在有可以工作在第四层的交换机的出现，所以根据工作的协议层交换机可分为第二层交换机、第三层交换机和第四层交换机。

③根据是否支持网管功能划分。可分为"网管型"和"非网管型"两大类。

5．应用（堆叠与级联）

堆叠主要在大型网络中对端口需求比较大的情况下使用。交换机的堆叠是扩展端口最快捷、最便利的方式，同时堆叠后的带宽是单一交换机端口速率的几十倍。

级联是最常见的连接方式，就是使用网线将两个交换机进行连接。通过级联可以延长网络的距离，但连接的结果是，它们仍然各自工作，仍然是两个独立的交换机。需要注意的是，交换机不能无限制级联，超过一定数量的交换机进行级联，最终会引起广播风暴，导致网络性能严重下降。另外，级联基本上不受设备的限制，不同厂家的设备可以任意级联。

6．交换机与集线器的异同

集线器采用的是共享带宽的工作方式。简单打个比方，集线器就好比一条单行道，"10Mbps"的带宽分给多个端口使用，当一个端口占用了大部分带宽后，另外的端口就会显得很慢。

交换机是一个独享的通道，它能确保每个端口使用的带宽。如有一个 16 端口 100Mbps 的以太网交换机，如果每个端口都同时工作，它的总带宽是 16×100＝1600Mbps。

由于交换机比集线器有着明显的优势，目前集线器已基本在市场中绝迹了。

【考点 5】　掌握路由器的功能及基本应用

【知识梳理】

路由器的英文名为 Router，用来连接因特网中的局域网和广域网，是互联网络的枢纽和"交通警察"，它可以根据信道的情况自动选择和设定路由，以最佳路径、按先后顺序发送信号。路由器通常用于连接两个异种网络，使之相互通信。

1．工作原理

为经过路由器的每个数据帧寻找一条最佳的传输路径，并据此将该数据有效地传送到目的站点。为完成路由工作，在路由器中保存着各种传输路径的相关数据即路由表（Routing Table）。

2．主要功能

（1）网络互连。连接不同的网段或网络，主要用于互连局域网和广域网。

（2）选择信息传送的最佳线路，即路由选择。

（3）路由器可以作为网关，共享上网。

（4）数据处理，包括分组过滤、分组转发、复用、加密、压缩和防火墙功能。

（5）网络管理，包括配置管理、性能管理、容错管理和流量控制等功能。

3．路由器与交换机的异同

（1）工作层次不同。交换机工作在 OSI 参考模型的第二层即数据链路层，而路由器工作在 OSI 参考模型的第三层即网络层。

（2）数据转发所依据的对象不同。交换机利用物理地址即 MAC 地址来确定转发数据的目的地址，而路由器则利用不同网络的 ID 号即 IP 地址来确定数据转发的地址。

（3）交换机只能分割冲突域，不能分割广播域，而路由器可以分割广播域。交换机连接的网段仍属于同一个广播域，数据包广播会在交换机连接的所有网段上传播，在某些情况下会导致通信拥挤。而路由器上的网段被分配成不同的广播域，广播数据不会穿过路由器，各广播域之间通信必须经过路由器。

（4）路由器提供了防火墙功能。路由器仅转发特定地址的数据包，不传送那些不支持路由协议的数据包和未知网络的数据包。

▎4.2　单元过关测验

一、单项选择题

1．下列传输介质中采用 RJ-45 水晶头作为连接器件的是（　　　）。

A．粗缆　　　　　　B．光纤　　　　　　C．细缆　　　　　　D．双绞线

2. 在下列传输介质中，对于单个建筑物内的局域网来说，性价比最高的是（　　）。

A. 双绞线　　　　　　B. 同轴电缆　　　　　C. 光纤　　　　　　　D. 无线介质

3. 双绞线的两根绝缘的铜导线按一定密度互相绞在一起的目的是（　　）。

A. 阻止信号的衰减　　　　　　　　　B. 降低信号干扰的程度

C. 增加数据的安全性　　　　　　　　D. 没有任何作用

4. 将光纤分为单模光纤和多模光纤是依据（　　）。

A. 光纤的粗细　　　　　　　　　　　B. 光纤的传输速率

C. 光在光纤中的传播方式　　　　　　D. 光纤的传输距离

5. 以下传输介质中线路损耗最低、传输距离最远、信道最宽的是（　　）。

A. 双绞线　　　　　　B. 单模光纤　　　　　C. 同轴电缆　　　　D. 多模光纤

6. 10Base-T 使用的传输介质是（　　）。

A. 细缆　　　　　　　B. 粗缆　　　　　　　C. 双绞线　　　　　D. 光缆

7. 在计算机网络中，下列传输介质中属于有线传输介质的是（　　）。

A. 微波　　　　　　　B. 红外线　　　　　　C. 光纤　　　　　　D. 激光

8. 采用 RJ-45 接口的传输介质是（　　）。

A. 同轴电缆　　　　　B. 光纤　　　　　　　C. 电话线　　　　　D. 双绞线

9. 下列传输介质中，传输速率最快的是（　　）。

A. 同轴电缆　　　　　B. 光纤　　　　　　　C. 红外线　　　　　D. 双绞线

10. FDDI 标准规定网络的传输介质采用（　　）。

A. 非屏蔽双绞线　　　B. 屏蔽双绞线　　　　C. 光纤　　　　　　D. 同轴电缆

11. 计算机网络使用的传输介质包括（　　）。

A. 电缆、光纤和双绞线　　　　　　　B. 有线介质和无线介质

C. 光纤和微波　　　　　　　　　　　D. 卫星和电缆

12. 在 100Base-T 网络中，数据传输速率及每段的最大长度分别为（　　）。

A. 100Mbps，200m　　　　　　　　　B. 100Mbps，100m

C. 200Mbps，200m　　　　　　　　　D. 200Mbps，100m

13. 要将两台计算机通过网卡直接相连，那么双绞线的接法应该是（　　）。

A. T568A-T568B　　　　　　　　　　B. T568A- T568A

C. T568B-T568B　　　　　　　　　　D. 任意接法都行

14. 下面哪种网络互联设备工作在 OSI 参考模型的网络层？（　　）

A. 中继器　　　　　　B. 交换机　　　　　　C. 路由器　　　　　D. 网卡

15. 下面哪种说法是错误的？（　　）

A. 中继器是物理层设备

B. 中继器可以增加网络的带宽

C. 中继器可以扩大网络距离

D. 中继器能够再生网络上的电信号

16. 连接两个使用 TCP/IP 协议的局域网应使用（　　　）。

A. 网桥　　　　　　　B. 路由器　　　　　　　C. 集线器　　　　　　　D. 以上都是

17. 企业 Intranet 要与 Internet 互联，必需的互联设备是（　　　）。

A. 中继器　　　　　　B. 调制解调器　　　　　C. 交换机　　　　　　　D. 路由器

18. 网络中用集线器或交换机作为中央设备连接各计算机的这种结构物理上属于（　　　）。

A. 总线型结构　　　　B. 环形结构　　　　　　C. 星形结构　　　　　　D. 网状型结构

19. 以下不属于网卡功能的是（　　　）。

A. 实现数据缓存　　　　　　　　　　　　　B. 实现某些数据链路层的功能

C. 实现物理层的功能　　　　　　　　　　　D. 数模转换功能

20. 如果两台交换机直接用双绞线相连，其中一端采用了"白橙/橙/白绿/蓝/白蓝/绿/白棕/棕"的线序，另一端选择哪一种线序排列才是正确的？（　　　）

A. 白绿/绿/白橙/橙/白蓝/蓝/白棕/棕

B. 白绿/绿/白橙/蓝/白蓝/橙/白棕/棕

C. 白橙/橙/白绿/绿/白蓝/蓝/白棕/棕

D. 白橙/橙/白绿/蓝/白蓝/绿/白棕/棕

21. 当交换机处在初始状态时，通信方式采用（　　　）。

A. 广播　　　　　　　B. 组播　　　　　　　　C. 单播　　　　　　　　D. 以上都不正确

22. 将数据从一个子网传输到另一个子网，可通过（　　　）来完成。

A. 路由器　　　　　　B. 服务器　　　　　　　C. 交换机　　　　　　　D. 中继器

23. 负责两个网络之间转发报文，并选择最佳路由线路的设备是（　　　）。

A. 网卡　　　　　　　B. 交换机　　　　　　　C. 路由器　　　　　　　D. 防火墙

24. 以下设备中不能配置 IP 地址的是（　　　）。

A. 计算机网卡　　　　　　　　　　　　　　B. 二层交换机端口

C. 三层交换机端口　　　　　　　　　　　　D. 路由器端口

25. 以下属于正确的 MAC 地址的是（　　　）。

A. 33-22-55-18-01　　　　　　　　　　　　B. 23-16-4D-16-77

C. 10-00-00-3C-4D-5E　　　　　　　　　　D. 1H-01-8B-5C-03-22

26. 下列可以表示双绞线类别的是（　　　）。

A. 宽带和窄带　　　　B. 模拟和数字　　　　　C. 基带和频带　　　　　D. 屏蔽和非屏蔽

27. 下列设备中，用于延长线缆传输距离的是（　　　）。

A. 中继器　　　　　　B. 交换机　　　　　　　C. 防火墙　　　　　　　D. 集线器

28. 将局域网接入因特网，需要用到的连接设备是（　　　）。

A. 交换机　　　　　　B. 路由器　　　　　　　C. MODEM　　　　　　　D. 集线器

29. 北大服务器到办公楼主机的距离大约为 1500m，连接它们的传输介质应使用（　　　）。

A. 5 类双绞线　　　　B. 电话线　　　　　　　C. 光纤　　　　　　　　D. 微波

30. 以下不属于交换机的功能的是（　　　）。

A. 地址学习　　　　　B. 路由转发　　　　　　C. 信号转发　　　　　　D. 回路避免

31. 以下选项中表示路由器的是（   ）。

A．Router　　　　　　B．Switch　　　　　　C．Gateway　　　　　　D．HUB

32. VLAN 表示（   ）。

A．无线局域网　　　　B．千兆以太网　　　　C．虚拟光纤网　　　　D．虚拟局域网

33. 以下两种设备的连接采用交叉线的是（   ）。

A．交换机-计算机　　　　　　　　　　　B．交换机-路由器

C．计算机-计算机　　　　　　　　　　　D．计算机-路由器

34. 以下设备中具有路由功能的是（   ）。

A．集线器　　　　　　B．三层交换机　　　　C．二层交换机　　　　D．中继器

35. 制作双绞线的直连线的标准线序是（   ）。

A．白绿/绿/白橙/橙/白蓝/蓝/白棕/棕　　　　B．白绿/绿/白橙/蓝/白蓝/橙/白棕/棕

C．白橙/橙/白绿/绿/白蓝/蓝/白棕/棕　　　　D．白橙/橙/白绿/蓝/白蓝/绿/白棕/棕

36. 欲将个人计算机接入网络不需要用到（   ）。

A．网络适配器　　　　B．读卡器　　　　　　C．交换机　　　　　　D．双绞线

37. 下面哪种网络设备用来连接异种网络？（   ）

A．集线器　　　　　　B．交换机　　　　　　C．路由器　　　　　　D．网桥

38. 路由选择协议位于（   ）。

A．物理层　　　　　　B．数据链路层　　　　C．网络层　　　　　　D．应用层

39. 决定局域网特性的主要技术有传输媒介、拓扑结构和媒体访问控制技术，其中最重要的是（   ）。

A．传输媒介　　　　　　　　　　　　　　B．拓扑结构

C．传输媒介和拓扑结构　　　　　　　　　D．媒体访问控制技术

40. 网卡属于 OSI 参考模型的哪一层设备？（   ）

A．物理层　　　　　　B．数据链路层　　　　C．网络层　　　　　　D．传输层

41. 以太网交换机的最大带宽为（   ）。

A．等于端口带宽　　　　　　　　　　　　B．大于端口带宽的总和

C．等于端口带宽的总和　　　　　　　　　D．小于端口带宽的总和

42. 交换机工作在 OSI 参考模型的（   ）。

A．物理层　　　　　　B．数据链路层　　　　C．网络层　　　　　　D．传输层

43. 局域网已正确搭建完毕，网内的计算机要进行通信的必要条件是（   ）。

A．设置 DNS 信息　　　　　　　　　　　B．设置网关信息

C．设置 IP 地址　　　　　　　　　　　　D．安装网络浏览器

44. 与有线传输介质相比，无线传输介质的优越性在于（   ）。

A．抗干扰能力更强，稳定性更好　　　　　B．传输的距离不受限制，传输速率更快

C．不需要布线，安装更方便　　　　　　　D．误码率更低，更安全

45. 下列有关光纤的叙述中，不正确的是（   ）。

A．光纤传输的是光信号　　　　　　　　　B．单模光纤只能传输单一模式的光

C．单模光纤传输距离比多模光纤更远　　　　D．多模光纤传输速率比单模光纤快

二、多项选择题

46．有关双绞线标准 10Base-2 和 100Base-T 的描述中，正确的是（　　）。

A．"10"表示传输速率　　　　　　　　　　B．"2"表示单段距离最大为 200 米

C．"Base"表示基带传输　　　　　　　　　D．"T"表示介质类型为非屏蔽双绞线

E．"100"表示最多可连接 100 个网络

47．以下属于光纤特点的是（　　）。

A．传输频带宽，信息容量大　　　　　　　B．线路损耗低，传输距离远

C．传输光信号，稳定性差　　　　　　　　D．质地较坚硬，机械强度高

E．抗干扰能力强，不受外界电磁与噪声的影响，误码率低

48．可以用作千兆以太网传输介质的是（　　）。

A．1 类双绞线　　　　B．光纤　　　　　　C．超 5 类双绞线　　　　D．4 类双绞线

E．6 类双绞线

49．网络中具有判断网络地址和选择路径功能的设备有（　　）。

A．路由器　　　　　　B．集线器　　　　　C．三层交换机　　　　　D．网关

E．二层交换

50．在制作双绞线的过程中需要用到（　　）。

A．水晶头　　　　　　B．压线钳　　　　　C．剪刀　　　　　　　　D．测线仪

E．老虎钳

三、判断题（正确的在括号内打 √，错误的打 ×）

51．10Base-T 以太网使用的传输介质只能是双绞线。（　　）

52．网络的性能与网络连接设备无关。（　　）

53．集线器与第二层交换机存在的弱点是容易引起广播风暴。（　　）

54．集线器的最高速率是 1000Mbps。（　　）

55．网卡的 MAC 地址是 48 位二进制数。（　　）

56．双绞线是网络中传输速率最高的传输介质。（　　）

57．三层交换机比二层交换机多了路由功能。（　　）

58．理论上，双绞线单段的通信距离不能超过 100m。（　　）

59．双绞线按传输特性分为 7 类，其中 6 类线的传输速率最快。（　　）

60．交换机可以为接入交换机的任意两个结点提供独享的信号通道。（　　）

61．交换机工作在 OSI 参考模型的传输层。（　　）

62．路由器具有存储、转发、寻址功能。（　　）

63．MODEM 是一种 A/D 信号转换设备。（　　）

64．给无线路由器指定静态 IP 地址，可以提高无线局域网的安全性。（　　）

65．为增加双绞线传输距离可以多连接几个交换机。（　　）

四、填空题

66．双绞线有两种连接法，即直连线与_____，不同类型设备之间的连接采用_____。

67．从网络覆盖范围分，交换机分为广域网交换机和_____。

68．制作双绞线与水晶头的连接过程是剥、理、剪、插、压和_____。

69．将计算机处理的数字信号转换为电话线上能传输的模拟信号的过程称为_____。

70．交换机将与之相连设备的 MAC 地址和端口映射表保存在缓存中，我们把它称为_____。

71．集线器发送数据的方式是_____。

72．在有 Wi-Fi 覆盖区域，计算机若要无线上网，必须配备_____。

73．将路由器作为网关供多台计算机共享上网，必须给它指定静态_____地址。

74．光纤分为单模光纤和_____光纤。

75．无线路由器可以为网络上的每台计算机自动分配一个 IP 地址，因此它可以作为网络的_____服务器。

76．制作双绞线的交叉线时，一端采用 T568A，另一端采用_____。

五、简答题

77．网络传输介质分为有线类与无线类，请分别写出有哪些常见的有线类与无线类传输介质。

78．使用什么命令可以查看网络配置信息？可以查看到的常见网络配置信息有哪些？（至少写六项）

79．根据电话拨号上网的有关知识回答以下问题：

（1）采用电话线接入互联网必须用到的设备是什么？

（2）将计算机处理的基带信号变为电话线上传输的频带信号的过程称为什么？

（3）将电话上传输的语音模拟数据变为计算机能识别的数字数据的过程称为什么？

80．小华家申请了一个宽带账号，他家有 5 台计算机共享宽带上网，物理连接如图 4-6 所示。据此回答以下问题：

（1）分别写出图中①②③处通信设备的名称。

（2）图中④处用到的传输介质是什么？

（3）在图中起网关作用的是哪个设备？

（4）5 台计算机构成一个局域网，其拓扑结构是什么？

（5）若 PC1 的 IP 地址是 192.168.1.2，请写出 PC5 可用的 IP 地址范围。

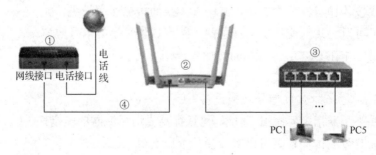

图 4-6

第五章

网络操作系统

考 纲 要 求

1. 了解网络操作系统的基本概念；
2. 了解常用网络操作系统，掌握 Windows 网络操作系统的使用；
3. 掌握 Web 服务器和 FTP 服务器的安装与配置。

5.1 考点要求及知识梳理

【考点1】 了解网络操作系统的基本概念

【知识梳理】

网络操作系统（Network Operating System，NOS）是利用局域网底层提供的数据传输功能，为高层网络用户提供资源共享等网络服务的系统软件，是网络用户与计算机网络之间的接口。它既具有单机操作系统的功能，也具有对整个网络资源进行协调管理，实现计算机之间高效可靠通信，提供各种网络服务，以及为网络用户提供便利的操作与管理平台等功能。常见的网络操作系统有 UNIX、红旗 Linux、NetWare、Windows Server 系列等。

1. **网络操作系统结构**

（1）集中式：是从分时操作系统加上网络功能演变而成，操作系统仅用于主机，终端本身不需要安装，如 UNIX。

（2）客户机/服务器模式：是目前组网的标准模型，与集中式不同的是客户机有自己的处理能力。客户机/服务器网络操作系统由客户机操作系统和服务器操作系统两部分组成。客户机操作系统的功能是让用户能够使用本地及网络资源，处理本地及网络的命令和应用程序，另外实现客户机与服务器的通信。服务器操作系统的主要功能是管理服务器和网络中的各种资源，实现服务器与客户机的通信，提供网络服务和网络安全管理。Novell NetWare 是典型的客户机/服务器网络操作系统。

（3）对等式：是与客户机/服务器模式相关的另一种模式，所有计算机安装的都是同一系统，网络中的每台机器都具有客户机和服务器的功能。多在简单网络连接和分布式计算场合运用。

2．网络操作系统特点

网络操作系统作为网络用户和计算机之间的接口，通常具有复杂性、并行性、高效性和安全性等特点。

3．网络操作系统功能

网络操作系统是多用户、多任务的操作系统。一般要求网络操作系统具有如下功能：

（1）支持多任务：要求操作系统在同一时间能够处理多个应用程序，每个应用程序在不同的内存空间运行。

（2）支持大内存：要求操作系统支持较大的物理内存，以便应用程序能够更好地运行。

（3）支持对称多处理：要求操作系统支持多个 CPU，减少事务处理时间，提高操作系统性能。

（4）支持网络负载平衡：要求操作系统能够与其他计算机构成一个虚拟系统，满足多用户访问时的需要。

（5）支持远程管理：要求操作系统能够支持用户通过 Internet 远程管理和维护，比如 Windows Server 2008 操作系统支持的终端服务。

【考点2】 了解常用网络操作系统，掌握 Windows 网络操作系统的使用

【知识梳理】

1．Windows 系列网络操作系统

包括 Windows NT Server、Windows Server 2003、Windows Server 2008、Windows Server 2012、Windows Server 2016。

Windows Server 系列操作系统是多用途网络操作系统，支持大量主流 PC 和网络的硬件设备，为用户提供文件、打印、应用软件、Web 和通信等各种服务。

2．Windows Server 2008 用户和组的管理

（1）Windows Server 2008 管理用户的两种模式。

①工作组：默认情况下所有计算机都处在名为 WORKGROUP 的工作组中，工作组是最常见的资源管理模式，计算机一般都是采用工作组方式进行资源分类管理的。

②域：用来描述一种架构，和"工作组"相对应，是由工作组升级而来的高级架构，用于集中管理分布于异地的成千上万个计算机和用户。

（2）用户账户管理。

①用户账户概述。每个用户账户包含唯一的登录名和对应的密码；不同的用户拥有不同的权限；用户账户拥有唯一的安全标识符（SID）。账户名中不能使用的字符有 15 个：?、*、=、+、<、>、:、;、|、/、\、"、[、]、,。

在创建账号和密码时，对密码的强度要求比较高：

a．密码必须包括大写字母、小写字母、数字、标点符号中的至少三种才能完成创建；

b．不包含全部或部分的用户账户名，长度不少于 6 个字符。

②用户管理。可以创建用户、为用户重置密码、重命名用户、启用和禁用用户账户、删

除用户账户。

③内置用户账户。系统自带的账户，具有特殊用途，一般不需要更改其权限。

a．Administrator：默认的管理员用户，可实现创建、更改、删除用户及其账户，设置安全策略，添加打印机，设置用户权限；无法删除此账户，为了安全建议改名。

b．Guest（来宾账户）：默认是禁用的，权限有限，提供给没有账户的用户临时使用；无法删除。

（3）组账号概述。

①组是用户账户的集合：为了提供方便，当一个用户加入一个组后，该用户会继承该组拥有的权限。组的存在是为了方便管理员对用户权限的管理。

②组账号管理：可以新建组、向组内添加成员、重命名组、删除组。

（4）常见内置组的作用。

①Administrators：此组内用户具有系统管理员权限。

②Backup Operators：具有备份和还原的权限。

③Guests：如果注销位于此组的成员，其用户配置文件将被删除，默认 Guest 即属于此组（来宾组，不保存其对计算机的修改）。

④Network Configuration Operators：具有管理网络功能的配置，如更改 IP 地址。

⑤Remote Desktop Users：此组内的用户可以从远程计算机使用远程桌面服务来登录。

⑥Print Operators：具有管理打印机的权限。

（5）特殊本地内置组。

①Everyone：任何一个用户都属于这个组。

②Authenticated Users：任何使用有效账户来登录此计算机的用户都属于此组。

③Network：任何通过网络来登录此计算机的用户都属于此组。

（6）NTFS 权限概述（NTFS、FAT 文件系统）。

①文件系统：定义了在外部存储设备上组织文件的方法。

②常用的文件系统：CDFS、FAT16、FAT32、NTFS、HPFS。

③NTFS 文件系统的优点：磁盘读写性能高；支持文件系统加密；访问控制列表；磁盘利用率高（可压缩、磁盘配额控制）；AD（活动目录）需要 NTFS 的支持。

3．NetWare 系统

NetWare 是 Novell 公司推出的网络操作系统，对无盘工作站的支持较好。一个 NetWare 网络中允许有多个服务器，用一般的 PC 即可作为服务器。NetWare 可同时支持多种拓扑结构，具有较强的容错能力。

4．UNIX 系统

UNIX 最早是指由美国贝尔实验室开发的一种分时操作系统的基础上发展起来的网络操作系统，是一种多用户、多任务的实时操作系统。

5．Linux 系统

Linux 是芬兰赫尔辛基大学的学生 Linus Torvalds 开发的具有 UNIX 操作系统特征的新一代网络操作系统，是一种开源的、免费的、多用户、多任务操作系统。Linux 不仅为用户提供了强大的操作系统功能，而且还提供了丰富的应用软件。Linux 操作系统的最大特征在于其源代码是向用户完全公开的，任何一个用户都可根据自己的需要修改 Linux 操作系统的内核，所以 Linux 操作系统的发展速度非常迅猛。

【考点 3】　掌握 Web 服务器和 FTP 服务器的安装与配置

【知识梳理】

以下介绍 Windows Server 2008 环境下的 Web 服务器和 FTP 服务器的安装与配置。

1. 信息服务

（1）IIS 概述。IIS 是一种 Web 服务组件，是允许在公共 Internet 上发布信息的 Web 服务器。IIS 主要提供以下服务：

①WWW 服务。客户端可以通过 HTTP 请求连接到在 IIS 中运行的网站，在 Internet 上发布自己的 Web 网站。

②FTP 服务。通过此服务，可以建立 FTP 站点，为用户提供文件上传与下载服务。

③NNTP 服务。NNTP 服务支持新闻组传输协议，此协议可以在 Windows Server 2008 系统中创建新闻组，用户可以使用任何新闻阅读客户端程序加入新闻组进行讨论。

④SMTP 服务。IIS 提供了 SMTP 服务，可以用来发送和接收电子邮件，也可以接收来自网站客户反馈的消息。

⑤IIS 管理服务。IIS 管理服务管理 IIS 配置数据库，并为 WWW 服务、FTP 服务、NNTP 服务和 SMTP 服务更新 Windows 注册表。配置数据库是保存 IIS 配置数据的数据存储。

（2）安装 IIS。

步骤：控制面板→添加/删除程序→添加/删除 Windows 组件→应用程序服务器→Internet 信息服务（IIS）→详细信息→万维网服务、文件传输协议（FTP）服务。如图 5-1（a）和图 5-1（b）所示。

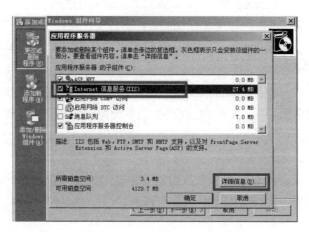

（a）

图 5-1　安装 IIS

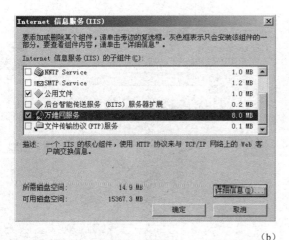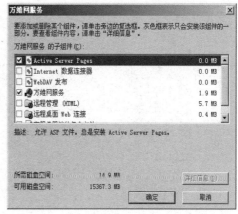

(b)

图 5-1　安装 IIS（续）

2．Web 服务器的配置和管理

Web 服务器也称为 WWW 服务器，提供信息检索、信息浏览服务为主，是目前 Internet 上最重要的服务之一。

Web 采用的是客户端/服务器模式（Client/Server，C/S），其中客户端可以通过网络连接访问另一台计算机的资源或服务，而提供资源或服务的计算机就叫服务器。

访问和获取 WWW 信息的程序是客户端，通常称为浏览器，如 Internet Explorer（IE）。Web 客户端只要安装了浏览器软件，就能够通过该软件连上全球各地的 Web 服务器，进而浏览 Web 服务器所提供的网页。

Web 服务器一般指网站服务器，它可以向浏览器等 Web 客户端提供文档，也可以放置网站文件和数据文件，以便让因特网上其他用户浏览和下载。

每个 Web 或 FTP 站点必须有一个主目录，该主目录位于发布的网页的中央位置。它包含带有欢迎内容的主页或索引文件，并且包含所在站点其他网页的链接。主目录映射为站点的域名或服务器名。

当架设服务器最初设定的主目录所在磁盘空间不够了，这时就需要设置虚拟目录，从主目录以外的其他目录中进行发布。虚拟目录有一个别名，供 Web 浏览器用于访问此目录。虚拟目录不包含在主目录中，但在显示给客户端浏览器时就像位于主目录中一样。

下面介绍在 IIS 中创建网站的过程：

（1）开始→管理工具→Internet 信息服务（IIS）管理器。

（2）建立网站：右击"默认网站"→新建→网站→网站创建向导→IP 地址（本机 IP）、TCP 端口（默认 80），如图 5-2 所示。

（3）设置默认文档。设置默认的主页文件名，主页文件一般采用 index.htm/index.html 或 default.htm/default.html，如图 5-3 所示。

（4）设置 Web 网站标识，如图 5-4 所示。

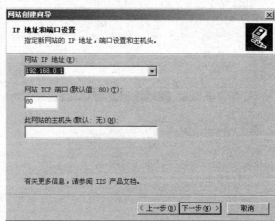

图 5-2　创建网站

图 5-3　设置默认文档

图 5-4　设置 Web 网站标识

（5）设置主目录（路径、权限等），如图 5-5 所示。

图 5-5　设置主目录

（6）设置目录安全性（身份验证和访问控制等），如图 5-6 所示。

图 5-6　设置目录安全性

（7）建立虚拟目录：右击站点，在弹出的快捷菜单中选择"添加虚拟目录"，在弹出的对话框的"别名"文本框中输入虚拟目录名称，并选择物理路径即可。

（8）浏览网页：双击 Internet Explorer，在地址栏输入 http://192.168.0.1，即可浏览网页。

【课堂练习】　在计算机上利用 IIS 创建一个 Web 网站。其中，网站名称为"Web1"；网站使用的 IP 地址为 192.168.0.1，端口号为 9000，没有主机头；使用 D 分区的"Myweb"文件夹作为该站点的主目录。

3．FTP 服务器的配置和管理

FTP 也是一个客户机/服务器系统，FTP 服务器是在互联网上提供文件存储和访问服务的计算机，它们依照 FTP 协议提供服务。

FTP 服务被广泛应用于提供软件下载服务、Web 网站内容更新服务以及不同类型计算机间的文件传输服务。

下面介绍在 IIS 中创建 FTP 站点的过程：

（1）开始→管理工具→Internet 信息服务（IIS）管理器。

（2）建立 FTP 站点：右击默认的 FTP 站点→新建→FTP 站点→FTP 站点创建向导→IP 地址（本机 IP）、TCP 端口（默认为 21），如图 5-7 所示。

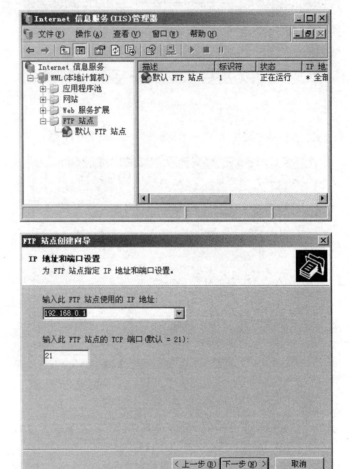

图 5-7　创建 FTP 站点（1）

（3）FTP 用户隔离，如图 5-8 所示。

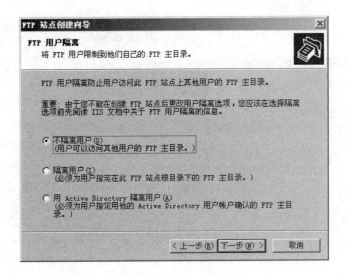

图 5-8 创建 FTP 站点（2）

● 不隔离用户：指用户可以看到其他用户上传的 FTP 资料，适用于互联网的网络资源共享。

● 隔离用户：指每个用户只能看到自己上传的文件，不能访问其他用户上传的文件。

● 用 Active Directory 隔离用户：指将隔离的账号放到活动目录中，如果 IIS 处于域环境下则选择此项。

（4）设置主目录，如图 5-9 所示。

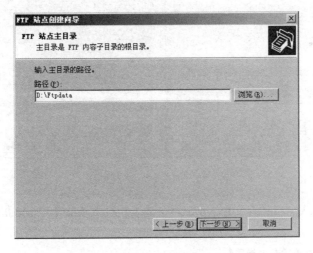

图 5-9 创建 FTP 站点（3）

（5）设置访问权限（读取，写入），如图 5-10 所示。

（6）配置 FTP 安全账户，如图 5-11 所示。

选择"安全账户"选项卡，勾选"允许匿名连接"复选框，那么任何人都可以连接全局目录，否则只能用账户、密码登录才可以连接。

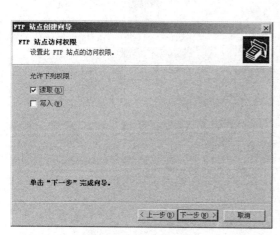

图 5-10　创建 FTP 站点（4）

图 5-11　创建 FTP 站点（5）

（7）站点创建完成，如图 5-12 所示。

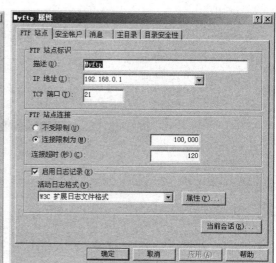

图 5-12　创建 FTP 站点（6）

（8）进入站点：双击 Internet Explorer，在地址栏输入 ftp://192.168.0.1，即可浏览站点。

5.2　单元过关测验

一、单项选择题

1. 下列哪一项不是网络操作系统的功能？（　　　）

A. 支持多任务　　　　　　　　　　B. 支持网络负载平衡

C. 不支持大内存　　　　　　　　　D. 支持远程管理

2．Windows Server 2008 属于（　　）的操作系统。

A．单用户、单任务　　　　　　　　B．单用户、多任务

C．多用户、单任务　　　　　　　　D．多用户、多任务

3．网络操作系统简称为（　　）。

A．DOS　　　　　　B．NOS　　　　　　C．OSI　　　　　　D．POS

4．以下属于开源操作系统，允许代码二次开发的是（　　）。

A．NetWare　　　　　　　　　　　B．Windows Server 2008

C．Linux　　　　　　　　　　　　D．UNIX

5．Windows Server 2008 系统安装时，自动产生的管理员用户名是（　　）。

A．guest　　　　　B．administrator　　　C．IUSR_NT　　　D．everyone

6．网络操作系统是一种（　　）。

A．应用软件　　　　B．上网工具　　　　C．系统软件　　　　D．通信软件

7．以下哪一项不是网络操作系统提供的服务？（　　）

A．文件服务　　　　　　　　　　　B．打印服务

C．通信服务　　　　　　　　　　　D．办公自动化服务

8．如果没有特殊声明，匿名 FTP 服务登录账号为（　　）。

A．user　　　　　　　　　　　　　B．anonymous

C．guest　　　　　　　　　　　　　D．用户自己的电子邮件地址

9．以下可以用于创建 Web 站点的是（　　）。

A．IIS　　　　　　　B．IE　　　　　　C．Outlook　　　　D．FlashFXP

10．访问 Web 站点可使用（　　）。

A．CuteFTP　　　　　　　　　　　B．迅雷

C．WinZip　　　　　　　　　　　　D．Internet Explorer

11．除了可以用 IIS 建立 FTP 服务器外，还可以使用（　　）。

A．DNS　　　　　　B．Serv-U　　　　C．RealMedia　　　D．SMTP

12．用户将自己计算机的文件资源复制到 FTP 服务器的过程，称为（　　）。

A．上传　　　　　　B．下载　　　　　C．共享　　　　　D．打印

13．创建 WWW 和 FTP 站点时，所需要的文件夹和文件都存放在（　　）。

A．远程服务器　　　B．端口　　　　　C．主目录　　　　D．网络日志

14．在 Windows Server 2008 中，管理用户的两种模式是工作组和（　　）。

A．域　　　　　　　B．结点　　　　　C．组织　　　　　D．链表

15．Windows Server 2008 网络中的打印服务器是指（　　）。

A．含有打印队列的服务器　　　　　B．安装了打印服务程序的服务器

C．连接了打印机的服务器　　　　　D．连接在网络中的打印机

16．Windows Server 2008 系统规定所有用户都是什么组成员？（　　）

A．Administrators　　B．Groups　　　C．Everyone　　　D．Guest

17．每个 Web 站点必须用一个主目录来发布信息，IIS 默认的主目录为（　　）。

A．\Website B．\Inetpub\wwwroot

C．\Internet D．\Internet\Website

18．每个 Web 站点除了主目录以外还可以采用什么作为发布目录？（   ）

A．备份目录 B．副目录 C．虚拟目录 D．子目录

19．在 IE 地址栏上输入什么可以访问本地默认的网站？（   ）

A．计算机 IP B．计算机 DNS C．LOCALHOST D．127.0.0.1

20．将 FTP 站点的权限设置为"读取、写入"，用户访问站点时不能进行的操作是（   ）。

A．上传文件 B．删除文件 C．浏览文件 D．下载文件

21．在以下文件系统中，能使用文件许可权的是（   ）。

A．FAT B．EXT C．NTFS D．FAT32

22．创建 Web 站点时默认的文档可以使用（   ）。

A．web.rar B．index.html C．default.pdf D．home.doc

23．Windows Server 2008 中，要启用对文件、文件夹的加密功能，文件系统必须采用（   ）。

A．FAT32 B．FAT16 C．NTFS D．基本分区

24．下列对 Windows Server 2008 用户账户的叙述中正确的是（   ）。

A．用户账户就是指计算机账户

B．用户账户与组账户同级

C．用户账户由用户名和密码组成

D．用户账户在安装 Windows Server 2008 时创建

25．Windows Server 2008 中新建的用户，默认属于什么组？（   ）

A．Users B．Guests C．Backup D．Administrators

26．在一台服务器上建立多个 Web 站点不需要用到（   ）。

A．IP B．TCP 端口 C．主机头 D．DNS

27．网络操作系统是（   ）。

A．计算机硬件与软件之间的接口 B．用户与通信设备之间的接口

C．通信设备与计算机之间的接口 D．网络用户与计算机网络之间的接口

28．Windows Server 2008 中，下列账户名中不是合法的账户名的是（   ）。

A．abc-123 B．abc*123 C．windows book D．adc888

29．网络操作系统主要解决的问题是（   ）。

A．网络用户使用界面 B．网络安全防范

C．网络设备的连接 D．资源共享及资源访问的安全机制

30．要启用磁盘配额管理，Windows Server 2008 必须使用哪个文件系统？（   ）

A．FAT 或 FAT32 B．只可使用 NTFS

C．NTFS 或 FAT32 D．只可使用 FAT32

二、多项选择题

31．以下属于网络操作系统的是（   ）。

A．UNIX　　　　　B．Linux　　　　C．Windows 2000　　D．NetWare

E．Windows Server 2008

32．网络服务器提供的功能包括（　　　）。

A．网络通信　　　　B．网络资源共享　　C．信息服务　　　　D．硬件故障诊断

E．网络设备管理

33．以下关于 Windows Server 2008 账户的说法中，正确的有（　　　）。

A．不允许创建用户账户　　　　　　　B．内置账户不能删除

C．Guest 是来宾账户，权限有限　　　D．Administrator 是系统管理员账户

E．内置账户只有 Guest 和 Administrator

34．标识一个 Web 站点的要素主要是（　　　）。

A．计算机名　　　　B．IP 地址　　　　C．TCP 端口号　　　D．访问量

E．主目录

35．网络操作系统的结构主要有（　　　）。

A．集中式　　　　　　　　　　　　　B．对等式

C．离散式　　　　　　　　　　　　　D．浏览器/服务器模式

E．客户端/服务器模式

三、判断题（正确的在括号内打√，错误的打×）

36．IIS 代表 Internet 信息服务，安装 Windows Server 2008 时自动安装。（　　　）

37．用户可以通过网上邻居访问网络资源。（　　　）

38．网络操作系统的工作模式是 C/S。（　　　）

39．创建 Web 站点时 TCP 端口号默认值是 8080。（　　　）

40．在 Windows Server 2008 中，默认情况下 Guest 账户是被禁止的。（　　　）

41．以匿名账户登录 FTP 站点只能浏览和下载文件，不能上传文件。（　　　）

42．NetWare 是 Novell 公司推出的一款网络操作系统。（　　　）

43．在 Windows Server 2008 中，当一个用户加入一个组后，会继承该组拥有的权限。（　　　）

44．UNIX 是一种多用户、多任务的实时操作系统。（　　　）

45．一台计算机不可同时作为 Web 服务器、FTP 服务器和 E-mail 服务器。（　　　）

四、填空题

46．FTP 中文全称为_____。

47．在 Windows Server 2008 中创建账户名和密码，密码必须用到"大写字母、小写字母、数字、标点符号"中的至少_____种才能完成创建。

48．如果一个 Web 网站所使用的 IP 地址为 192.168.1.100，TCP 端口号为 2020，则用户应该在 Web 浏览器的地址栏中输入_____以访问这个 Web 网站。

49．有一台系统为 Windows Server 2008 的 FTP 服务器，其 IP 地址为 192.168.0.2，要让客户端使用"ftp://192.168.0.2"地址访问该站点的内容，需将站点端口配置为_____。

50．Web 服务所使用的 TCP 端口号默认为_____。

51．创建_____ FTP 服务器，允许用户在访问它们时不需要提供用户账户和密码。

52．计算机网络中有两种基本的网络结构类型：_____和_____。

53．客户访问 Web 站点使用的协议是_____。

54．在创建 Web 网站时，需要为其设定_____目录，默认时网站中的所有资源都存放在这个目录中。

55．写出一种用于上传、下载文件的 FTP 工具软件：_____。

56．在一台计算机上建立多个 Web 站点的方法有：利用多个_____、利用多个 TCP 端口和利用多个主机头名称。

五、简答题

57．什么是 IIS？其主要作用是什么？

58．请说明 WWW 服务的基本工作原理。

59．假设远程主机 ftp.pcme.gov.cn 正常提供 FTP 服务，本地一台计算机 A 能登录 QQ 聊天工具，但在浏览器中不能连接 ftp.pcme.gov.cn 服务器（计算机 A 中没有任何策略或软件限制访问该站点）。分析产生该故障的可能原因，并提出相应解决方案。

60．某单位申请了宽带网络，人事部门为了共享网络，设置局域网，网段为 192.168.5.0，网关为 192.168.5.254，DNS 为 218.85.157.99，同时为了部门内部的资源共享创建了 FTP 站点和 Web 站点（端口号全部采用默认）。据此案例，解决以下问题：

（1）设置 Windows Server 2008 服务器的 TCP/IP 参数。

（2）写出客户机访问 Web 站点的地址格式。

（3）写出客户机访问 FTP 站点的地址格式。

第六章

计算机网络组建

考纲要求

1. 了解局域网的主要特点和基本技术（拓扑结构、传输介质、访问控制方式）；
2. 掌握 CSMA/CD 介质访问控制方法及其工作原理；
3. 了解以太网标准和以太网组网的基本方法；
4. 掌握常用网络命令（ping、ipconfig 等）的使用；
5. 了解无线网络的基本知识；
6. 掌握网络的设置方法，实现家庭网络共享。

6.1　考点要求及知识梳理

【考点1】　了解局域网的主要特点和基本技术（拓扑结构、传输介质、访问控制方式）

【知识梳理】

1. 局域网的主要特点

（1）局域网是一种实现各独立设备互联的通信网络；

（2）覆盖的范围小（一幢大楼，一个企业），面向的用户比较集中；

（3）具有较高的数据传输速率（通常为 10～1000Mbps）；

（4）具有较低的误码率和较低的时延；

（5）通常由微机和中小型服务器构成；

（6）通过物理通信媒体（同轴电缆、双绞线、光纤等）组成；

（7）规划、建设、管理与维护的自主性强，综合成本低。

2. 局域网的关键技术

主要包括网络拓扑、传输介质和介质访问控制方法三种技术，决定了传输数据的类型、网络的响应时间、吞吐量、利用率以及网络应用等各种网络特征。

（1）拓扑结构。在局域网中，由于使用中央设备的不同，局域网的物理拓扑结构和逻辑拓扑结构不同。

①点对点传输结构：星形、环形、树形。

星形拓扑：存在一个中心结点，每个结点通过点到点线路与中心结点连接。使用集线器

连接所有计算机时，是一种具有星形物理连接的总线型拓扑结构；使用交换机时，是真正的星形拓扑结构。

环形拓扑：所有结点使用相应的网络适配器连接到共享的传输介质上，通过点到点的连接构成封闭的环路。环路中的数据沿着一个方向绕环逐结点传输。环路的维护和控制一般采用某种分布式控制方法，环中每个结点都具有相应的控制功能。在环形拓扑中，虽然也是多个结点共享一条环通路，但不会出现冲突。对于采用环形拓扑的局域网，网络的管理较为复杂，与总线型局域网相比，其可扩展性较差。

②广播式传输结构：总线型。

所有的结点都通过网络适配器直接连接到一条作为公共传输介质的总线上，总线可以是同轴电缆、双绞线或光纤。

总线上任何一个结点发出的信息都沿着总线传输，而其他结点都能接收到该信息，但在同一时间内只允许一个结点发送数据。

由于总线作为公共传输介质为多个结点共享，就有可能出现同一时刻有两个或两个以上结点利用总线发送数据的情况，因此会出现"冲突"。

在"共享介质"的总线型拓扑结构的局域网中，必须解决多个结点访问总线的介质访问控制问题。

③"5-4-3"规则。数据在网络中的传输延迟，一方面受网线长度的影响，另一方面受集线器等设备的影响。人们在组网过程中，总结出了"5-4-3"规则：在 10Mbps 以太网中，网络总长度不得超过 5 个区段（连接电缆），4 台网络延长设备（如集线器），5 个区段中只有 3 个区段可接网络设备。

（2）传输介质：同轴电缆、双绞线、光纤和无线介质。

传输形式：基带传输、宽带传输。

（3）介质访问控制方法：是指在网络中控制多个结点利用公共传输介质发送和接收数据的方法，它是所有"共享介质"类型局域网都必须解决的共性问题。

传统的局域网采用"共享介质"的工作方式，目前普遍采用以下三种：

①带有冲突检测的载波监听多路访问/冲突检测（CSMA/CD）方法：总线型，基于 IEEE802.3 标准的网络结构。

②令牌总线（Token Bus）方法：总线型，基于 IEEE802.4 标准的令牌总线是一种物理结构，其站点组成一个逻辑的环形结构，令牌则在逻辑环上运行。

③令牌环（Token Ring）方法：环形，基于 IEEE802.5 标准的网络结构，获取令牌并发送数据帧，接收和转发数据帧，撤销数据帧并释放。

3．局域网的体系结构

（1）物理层：物理层负责物理连接管理以及在介质上传输比特流。

（2）数据链路层。数据链路层的主要作用是通过一些数据链路层协议，负责帧的传输管理和控制，在不太可靠的传输信道上实现可靠的数据传输，包含介质访问控制（Media Access Control，MAC）和逻辑链路控制（Logical Link Control，LLC）。

OSI/RM 参考模型与局域网参考模型对比如图 6-1 所示。

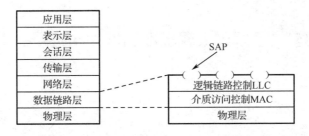

图 6-1　OSI/RM 参考模型与局域网参考模型对比

【考点 2】　掌握 CSMA/CD 介质访问控制方法及其工作原理

【知识梳理】

1．CSMA/CD 介质访问控制方法

即载波监听多路访问/冲突检测方法，该协议应用在 OSI 参考模型的倒数第二层（数据链路层），采用 IEEE802.3 标准，提供寻址和媒体存取的控制方式，使得不同设备或网络上的结点可以在多点的网络上通信而不相互冲突。

2．CSMA/CD 工作原理

（1）发送数据前首先侦听信道；

（2）如果信道空闲，立即发送数据并进行冲突检测；

（3）如果信道忙，继续侦听信道，直到信道变为空闲，才继续发送数据并进行冲突检测；

（4）如果站点在发送数据过程中检测到冲突，它将立即停止发送数据并等待一个随机时长，重复上述过程。

CSMA/CD 的发送流程可以简单地概括为四点：先听后发，边听边发，冲突停止，随机延迟后重发。如图 6-2 所示。

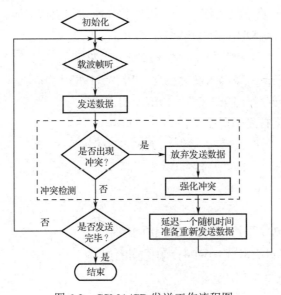

图 6-2　CSMA/CD 发送工作流程图

【考点3】 了解以太网标准和以太网组网的基本方法

【知识梳理】

1．局域网标准

局域网标准主要是指由 IEEE（美国电气电子工程师学会）制定的 IEEE802 系列标准，如表 6-1 所示。

表 6-1　IEEE802 系列标准

标　准	说　明
IEEE802.1	概述、体系结构、网络管理、网络互联
IEEE802.2	逻辑链路控制（LLC）
IEEE802.3（以太网）	CSMA/CD 访问方法、物理层规范
IEEE802.4	Token Bus（令牌总线）
IEEE802.5	Token Ring（令牌环）访问方法、物理层规范
IEEE802.11 （IEEE802.11a、IEEE802.11b、IEEE802.11g、IEEE802.11n）	无线局域网访问方法、物理层规范
IEEE802.12	100VG-AnyLAN 快速局域网访问方法、物理层规范

2．以太网（Ethernet）的产生和发展

以太网是应用最为广泛的局域网，指的是由 Xerox 公司创建并由 Xerox、Intel 和 DEC 公司联合开发的基带局域网规范，是当今现有局域网采用的最通用的通信协议标准。

符合 IEEE802.3 标准的局域网称为"以太网"。

IEEE802.3 标准包括物理层的连线、电信号和介质访问层协议等内容。

- 以太网的起源：ALOHA 无线电系统（1968～1972 年）；
- Xerox 创建第一个实验性的以太网（1972～1977 年）；
- DEC、Intel 和 Xerox 将以太网标准化（1979～1983 年）；
- IEEE802.3 标准问世（1982 年），10Base-5 出现；
- 10Base-T 结构化布线的历史（1986～1990 年）；
- 交换式和全双工制以太网的出现（1990～1994 年）；
- 快速以太网的出现（1992～1995 年）；
- 千兆网的出现（1996 年）；
- 万兆以太网。

3．以太网组网方法：采用 CSMA/CD 访问控制法

（1）传统（标准）以太网（10Mbps，IEEE802.3）。

传统以太网标准如图 6-3 所示。

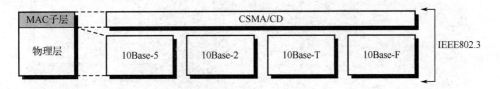

图 6-3 传统以太网标准

网络传输介质系列标准如表 6-2 所示。

表 6-2 网络传输介质系列标准

标 准	传 输 介 质	结点数/段	网 络 设 备	拓 扑 结 构	优 点
10Base-5	粗同轴电缆（直径 10mm，阻抗 50Ω，最大单段长度为 500m）	100	带有 AUI 插口的以太网卡、中继器、收发器、终结器等	总线型、基带传输	用于主干网
10Base-2	细同轴电缆（直径 5mm，阻抗 50Ω，最大单段长度为 185m）	30	带有 BNC 插口的以太网卡、中继器、T 型连接器、终结器等	总线型、基带传输	最便宜的系统
10Base-T	双绞线（3 类或 5 类非屏蔽双绞线，最大单段长度为 100m）	1024	带有 RJ-45 插口的以太网卡、集线器、交换机等	物理连接：星形 逻辑连接：总线型	易于维护
1Base-5	双绞线（最大单段长度为 500m）		传输速率为 1Mbps		
1Broad-36	同轴电缆（RG-59/U CATV，最大单段长度为 3600m）			宽带传输	
10Base-F	光纤	1024	SC 或 STII 连接器，传输速率为 10Mbps		最适于用在楼宇间
说明	10Base-5：数字 10 表示传输速率，单位是 Mbps； Base 表示 "基带"，Broad 表示 "宽带"； 数字 5 表示单段网络线长度（基准单位是 100m） 10 Base 5 数据传输速率（Mbps）　基带信号　单段最大长度（百米）				

10Base-5 连接图如图 6-4 所示。

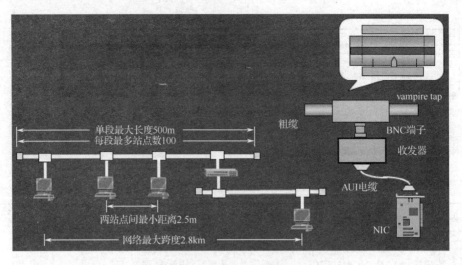

图 6-4　10Base-5 连接图

10Base-2 连接图如图 6-5 所示。

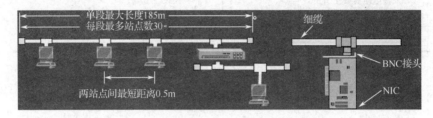

图 6-5　10Base-2 连接图

10Base-T 连接图如图 6-6 所示。

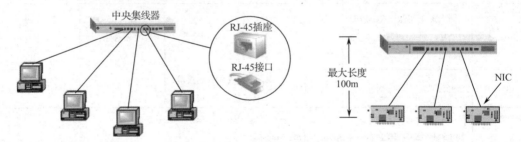

图 6-6　10Base-T 连接图

（2）快速以太网。快速以太网标准如图 6-7 所示。

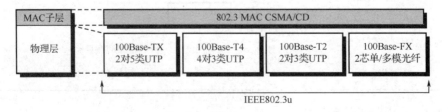

图 6-7　快速以太网标准

①100Base-T 分为 4 个子类：100Base-TX、100Base-FX、100Base-T4（100Mbps，IEEE802.3u，星形拓扑结构，CSMA/CD）、100Base-T2，如表 6-3 所示。

表 6-3 100Base-T 的 4 个子类

标　准	说　明
100Base-TX	一种使用 5 类非屏蔽双绞线或屏蔽双绞线的快速以太网技术，使用 2 对双绞线，1 对用于发送数据，1 对用于接收数据；符合 EIA586 的 5 类布线标准和 IBM 的 SPT1 类布线标准；使用与 10Base-T 相同的 RJ-45 连接器；最大网段长度为 100m
100Base-FX	一种使用光缆的快速以太网技术，可使用 2 芯的单模或多模光纤，多模光纤连接的最大距离为 550m，单模光纤连接的最大距离为 3000m；使用 MIC/FDDI 连接器、ST 连接器或 SC 连接器
100Base-T4	一种可使用 3、4、5 类非屏蔽双绞线或屏蔽双绞线的快速以太网技术，使用 4 对双绞线，3 对用于传送数据，1 对用于检测冲突信号；符合 EIA586 结构化布线标准；使用与 10Base-T 相同的 RJ-45 连接器；最大网段长度为 100m
100Base-T2	支持 2 对 3 类非屏蔽双绞线 UTP

②100VG-AnyLAN：一种新的高速网络设计（IEEE802.12 标准），采用冲突检测方案，支持以太网和令牌环网。传统以太网无法升级为该方案。

快速以太网连接图如图 6-8 所示。

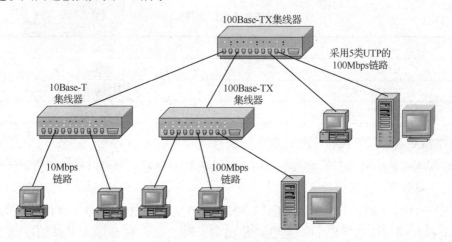

图 6-8 快速以太网连接图

（3）千兆以太网（1000Mbps，IEEE802.3z，IEEE802.3ab）。

采用了 10Mbps 以太网的帧格式、帧结构、网络协议、全/半双工工作方式、流控模式及布线系统，如图 6-9 所示。

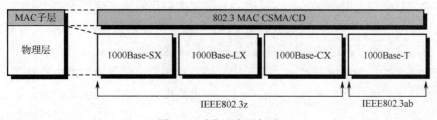

图 6-9 千兆以太网标准

①IEEE802.3z：制定了光纤和短铜线连接方案的标准，如表 6-4 所示。

表 6-4　IEEE802.3z 标准

标　　准	传 输 介 质	说　　明
1000Base-SX	多模光纤（62.5μm 或 50μm）	短波长激光多模光纤介质系统标准，配置波长为 770～860nm（一般为 850nm）的激光传输器
1000Base-LX	多模光纤（62.5μm 或 50μm） 单模光纤（9μm）	长波长激光光纤介质系统标准，配置波长为 1270～1355nm（一般为 1300nm）的激光传输器
1000Base-CX	屏蔽双绞线	短距离铜线千兆以太网标准，使用 9 芯 D 型连接器连接电缆

②IEEE802.3ab：制定了 5 类双绞线上较长距离连接方案的标准。

1000Base-T：使用 5 类 UTP 作为网络传输介质的千兆以太网技术，最长有效距离与 100Base-TX 一样可以达到 100m。采用这种技术可以在原有的快速以太网系统中实现从 100Mbps 到 1000Mbps 的平滑升级。

（4）万兆以太网（10Gbps，IEEE802.3ae，IEEE802.3ak，IEEE802.3an）

扩展了 IEEE802.3 协议和 MAC 规范，使其支持 10Gbps 的传输速率。特点：交换以太网；只支持全双工模式，不支持单工模式；不使用 CSMA/CD。如表 6-5 所示。

表 6-5　万兆以太网标准

标　　准	传 输 介 质
IEEE802.3ae	光纤
IEEE802.3ak	同轴电缆
IEEE802.3an	非屏蔽双绞线

4．虚拟局域网（VLAN）：IEEE802.1Q

虚拟局域网是指网络中的站点不拘泥于所处的物理位置，而可以根据需要灵活地加入不同的逻辑子网中的一种网络技术。

IEEE 于 1999 年颁布了用以标准化 VLAN 实现方案的 IEEE802.1Q 协议标准草案。VLAN 是为解决以太网的广播问题和安全性而提出的一种协议，它在以太网帧的基础上增加了 VLAN 头，用 VLAN ID 把用户划分为更小的工作组，限制不同工作组间的用户互访，每个工作组就是一个虚拟局域网。

（1）划分虚拟局域网的依据。

①基于网络性能。当网络规模很大时，网上的广播信息会很多，会使网络性能恶化，甚至形成广播风暴，引起网络堵塞。可通过划分很多虚拟局域网从而减少整个网络范围内广播包的传输，因为广播信息是不会跨过 VLAN 的，可以把广播限制在各个虚拟局域网的范围内，缩小了广播域，提高了网络的传输效率，从而提高网络性能。

②基于安全性。各虚拟局域网之间不能直接进行通信，必须通过路由器转发，为高级的安全控制提供了可能，增强了网络的安全性。在大规模的网络中，比如说大的集团公司，有财务部、采购部和客户部等，它们之间的数据是保密的，相互之间只能提供接口数据，其他

数据是保密的。可以通过划分虚拟局域网对不同部门进行隔离。

③基于组织结构。同一部门的人员分散在不同的物理地点，比如集团公司的财务部在各子公司均有分部，但都属于财务部管理，虽然这些数据都是要保密的，但需统一结算时，就可以跨地域（也就是跨交换机）将其设置在同一虚拟局域网之中，实现数据安全和共享。

（2）采用虚拟局域网的优势：

①抑制网络上的广播风暴；

②增加网络的安全性；

③集中化的管理控制。

（3）基于交换式以太网实现虚拟局域网的途径。

①基于端口的虚拟局域网：局域网中的站点具有相同的网络地址，不同的虚拟局域网之间进行通信需要通过路由器，每个交换端口可以属于一个或多个虚拟局域网组，比较适用于连接服务器。不足之处是灵活性不好，当一个网络站点从一个端口移动到另外一个新的端口时，如果新、旧端口不属于同一个虚拟局域网，则用户必须对该站点重新进行网络地址配置，否则该站点将无法进行网络通信。

② 基于 MAC 地址的虚拟局域网：交换机对站点的 MAC 地址和交换机端口进行跟踪，在新站点入网时根据需要将其划归某一个虚拟局域网，而无论该站点在网络中怎样移动，由于其 MAC 地址保持不变，因此用户不需要重新进行网络地址的配置。不足之处是在站点入网时，需要对交换机进行比较复杂的手工配置，以确定该站点属于哪一个虚拟局域网。

③基于 IP 地址的虚拟局域网：新站点在入网时无须进行太多配置，交换机则根据各站点网络地址自动将其划分成不同的虚拟局域网，智能化程度最高，实现起来也最复杂。

【考点4】　掌握常用网络命令（ping、ipconfig 等）的使用

【知识梳理】

1．ping 命令

（1）功能：测试计算机名和计算机的 IP 地址，验证与对方计算机的连接状态，通过向对方主机发送"网际控制报文协议（ICMP）"回响请求消息来验证与对方 TCP/IP 计算机的 IP 级连接，是用于检测网络连通性、可到达性和名称解析的疑难问题的主要 TCP/IP 命令。

①测试网络是否通畅，如"ping 192.168.0.1"。

②获取计算机的 IP 地址，如"ping www.dt.sx.cn"。

（2）语法格式：

ping [-t] [-a] [-n count] [-l length] [-f] [-i ttl] [-v tos] [-r count] [-s count] [-j -Host list] | [-k Host-list] [-w timeout] destination-list

①-t：ping 一个主机时系统不停地运行 ping 这个命令，直到按下 Ctrl+C 组合键。

②-a：解析主机的 NetBIOS 主机名，一般是在运用 ping 命令后的第一行就显示出来。

③-n count：定义用来测试所发出的测试包（ECHO）的个数，默认值为 4。通过这个命令可以自己定义发送的测试包个数，对衡量网络速度很有帮助，例如想测试发送 20 个数据包

的返回平均时间为多少、最快时间为多少、最慢时间为多少，就可以通过执行带有这个参数的命令。

④-l length：发送包含由 length 指定的数据量的 ECHO 数据包，默认为 32 字节，最大值为 65527。

【例题】 ping -n 10 172.16.2.162

【解析】 测试发送 10 个数据包，收到 7 个包，丢了 3 个包，说明网络中还是存在一些问题，如图 6-10 所示。

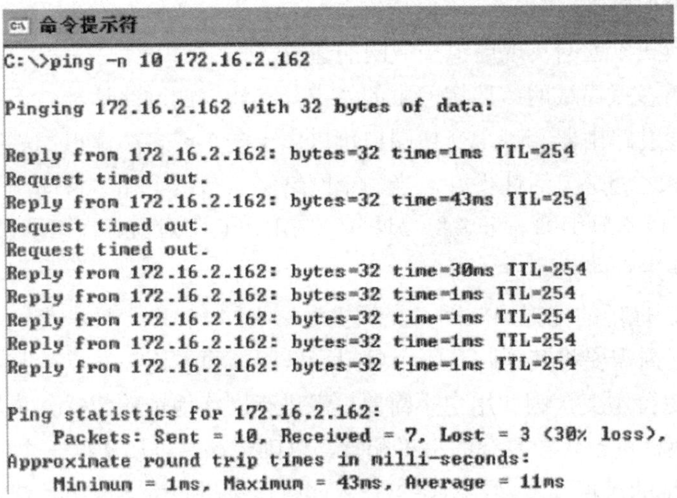

```
C:\>ping -n 10 172.16.2.162

Pinging 172.16.2.162 with 32 bytes of data:

Reply from 172.16.2.162: bytes=32 time=1ms TTL=254
Request timed out.
Reply from 172.16.2.162: bytes=32 time=43ms TTL=254
Request timed out.
Request timed out.
Reply from 172.16.2.162: bytes=32 time=30ms TTL=254
Reply from 172.16.2.162: bytes=32 time=1ms TTL=254
Reply from 172.16.2.162: bytes=32 time=1ms TTL=254
Reply from 172.16.2.162: bytes=32 time=1ms TTL=254
Reply from 172.16.2.162: bytes=32 time=1ms TTL=254

Ping statistics for 172.16.2.162:
    Packets: Sent = 10, Received = 7, Lost = 3 (30% loss),
Approximate round trip times in milli-seconds:
    Minimum = 1ms, Maximum = 43ms, Average = 11ms
```

图 6-10　ping 命令显示结果

2．ipconfig 命令

（1）功能：用于显示当前的 TCP/IP 配置的设置值，并且可以利用该命令进行网络配置信息的重新获取和释放；该命令在运行 DHCP 的系统上有特殊用途，即允许用户决定 DHCP 配置的 TCP/IP 配置值。

（2）语法格式：

ipconfig［/?|/all|/renew［adapter］|/release［adapter］］

①ipconfig /all：显示本机 TCP/IP 配置的详细信息。显示的主要项目包括主机名、网卡物理地址、IP 地址（IPv4 地址及 IPv6 地址）、DNS、子网掩码、默认网关、DHCP 服务器地址等，如图 6-11 所示。

②ipconfig /release：DHCP 客户端手工释放 IP 地址，所有接口的租用 IP 地址便重新交付给 DHCP 服务器（归还 IP 地址）。该命令只能在向 DHCP 服务器租用其 IP 地址的计算机上起作用。

③ipconfig /renew：DHCP 客户端手工向服务器刷新请求，本地计算机便设法与 DHCP 服务器取得联系，并租用一个 IP 地址。大多数情况下，网卡将被重新赋予和以前所赋予的相同的 IP 地址。

④ipconfig /flushdns：可以进行 DNS 缓存刷新。

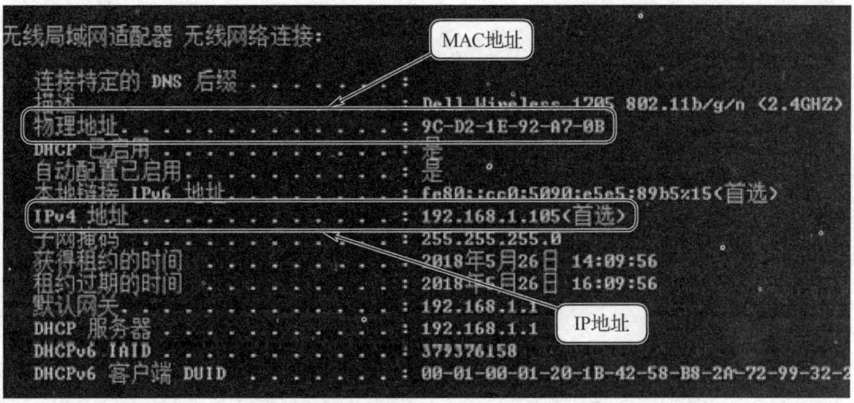

图 6-11　ipconfig 命令显示结果

【考点 5】　了解无线网络的基本知识

【知识梳理】

无线网络（Wireless Network）指的是使用无线传输介质连接的网络，是计算机网络与无线技术相结合的产物，是有线网的扩展和替换。无线网络具有安装便捷、使用灵活、经济、易于扩展等优点。

无线网络类型：无线局域网（WLAN）、移动通信技术网（3G、4G、5G）。

1. 无线局域网络（Wireless Local Area Network）

WLAN 是一种利用射频（Radio Frequency，RF）技术进行数据传输的系统，该技术的出现绝不是用来取代有线局域网络的，而是用来弥补有线局域网络的不足，以达到网络延伸的目的，使得无线局域网络能利用简单的存取架构让用户实现无网线、无距离限制的通畅网络。下列情形可能需要无线局域网络：

（1）无固定工作场所的使用者；

（2）有线局域网络架设受环境限制；

（3）作为有线局域网络的备用系统。

2. 无线局域网的主要硬件设备

（1）无线网卡。

（2）无线接入点（AP）：单纯 AP 和扩展型 AP，如无线路由器。

3. 无线局域网标准

IEEE802.11 包括 IEEE802.11a 协议、IEEE802.11b 协议、IEEE802.11g 协议、IEEE802.11e 协议、IEEE802.11i 协议、无线应用协议（WAP）。

WLAN 使用 ISM（Industrial Scientific Medical）无线电广播频段通信，如表 6-6 所示。

表 6-6   无线局域网标准

标　　准	频　　段	传　输　速　率
IEEE802.11a	5GHz	54Mbps
IEEE802.11b	2.4GHz	11Mbps
IEEE802.11g	2.4GHz	54Mbps
IEEE802.11n	2.4GHz	600Mbps

4．无线局域网技术

无线局域网技术是指从业务结点到用户终端之间的全部或部分传输设施采用无线手段，向用户提供固定和移动接入服务的技术，如蓝牙技术（短距离通信）、HomeRF 技术。

5．Wi-Fi 无线上网（无线保真，Wireless Fidelity）

Wi-Fi 是一个基于 IEEE802.11 系列标准的无线网络通信技术的品牌，目的是改善基于 IEEE802.11 标准的无线网络产品之间的互通性，由 Wi-Fi 联盟（Wi-Fi Alliance）所持有。简单来说，Wi-Fi 就是一种可以将个人计算机、手机、平板电脑等终端以无线方式互相连接的技术，以前通过网线连接计算机，而现在则是通过无线电波来联网。

Wi-Fi 联盟（无线局域网标准化的组织 WECA）成立于 1999 年，当时的名称叫作 Wireless Ethernet Compatibility Alliance（WECA），2002 年 10 月正式改名为 Wi-Fi Alliance。与蓝牙技术一样，Wi-Fi 属于在办公室和家庭中使用的短距离无线通信技术。

该技术使用的是 2.4GHz 附近的频段，该频段属于开放的无线频段。目前可使用的标准有 IEEE802.11a 和 IEEE802.11b。在信号较弱或有干扰的情况下，带宽可调整为 5.5Mbps、2Mbps 和 1Mbps，带宽的自动调整有效地保障了网络的稳定性和可靠性。Wi-Fi 主要采用 802.11b 协议，因此人们逐渐习惯用 Wi-Fi 来称呼 802.11b 协议。

6．WLAN 与 Wi-Fi 的关系

（1）Wi-Fi 包含于 WLAN 中，因发射信号的功率不同，覆盖的无线信号范围不同。Wi-Fi 是 WLAN 的一个标准，Wi-Fi 包含于 WLAN 中，属于采用 WLAN 协议的一项新技术。Wi-Fi 又称 802.11b 标准，其最大优点就是传输速率较高，可以达到 11Mbps，有效距离也很长，同时也与已有的各种 802.11 DSSS 设备兼容。

（2）Wi-Fi 和 WLAN 都是实现无线上网的技术，WLAN 无线上网包含 Wi-Fi 无线上网，WLAN 无线上网覆盖范围更宽，而 Wi-Fi 无线上网比较适合智能手机、平板电脑等小型智能数码产品。

【考点6】 掌握网络的设置方法，实现家庭网络共享

【知识梳理】

家庭网络有两种常见的 Internet 接入方式：ADSL 接入（如图 6-12 所示）和 LAN 接入（如图 6-13 所示）。本书以 ADSL 无线上网方式为例，介绍家庭网络共享的实现方法。

图 6-12　ADSL 接入 Internet 连接示意图

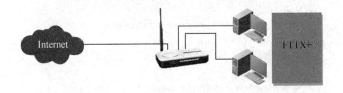

图 6-13　LAN（小区宽带）接入 Internet 连接示意图

1．使用 ADSL 连入互联网

电话拨号接入是个人用户最早使用的 Internet 接入方式，接入方法简单，收费低廉，因此使用最为广泛，但是它的主要缺点在于接入速度慢。由于线路的限制，它的早期最高接入速度只能达到 56kbps。

（1）硬件设备。ADSL 调制解调器、10/100Mbps 自适应网卡、RJ-11 接头电话线、RJ-45 接头直连线。

（2）硬件安装。

①安装网卡。

②安装信号分离器。

③安装 ADSL 调制解调器。

④连接宽带路由器（将连接 Internet 的网线接到路由器的 WAN 口），如图 6-14 所示。

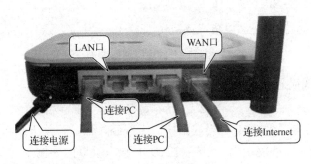

图 6-14　路由器连接

（3）创建拨号连接（以 Windows 7 系统为例）。

打开"网络和共享中心"→更改网络设置（设置新的连接或网络）→设置拨号连接（按照向导进行设置），如图 6-15 所示。

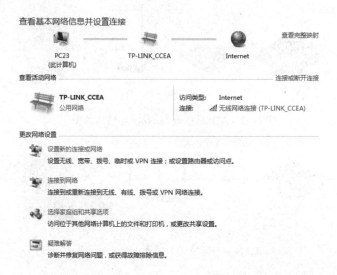

图 6-15　创建拨号连接

2．使用无线方式接入互联网

无线上网的方式有两大类：一类是无线局域网方式；另一类是无线移动网络，即 GPRS 或 4G 方式。主要设备有无线网卡、无线网桥、无线路由器、无线天线等，可以使用 ADSL、有线通或其他方式接入无线路由器。以通过 ADSL 接入互联网为例：

（1）无线网卡的安装（外置：插入相应的插槽）。

常见的无线网卡大多为 PCMCIA、PCI 和 USB 三种类型。

（2）路由器的连接（思科公司 LINKSYS WRT54GC 无线路由），如图 6-16 所示。

①将原来插入计算机网卡的双绞线接头直接插入路由器背面的 WAN 口即可。此外，一般无线路由器仍提供了几个有线输出端口，可以通过双绞线连接到计算机。

②参数设置。

步骤一：使用 Reset 键将其复原到初始状态。

图 6-16　路由器登录界面

步骤二：打开计算机，在 IE 浏览器地址栏中输入厂家设置的无线路由器 IP 地址，如 192.168.1.1，打开身份验证对话框，输入无线路由器的初始账户信息。

步骤三：在"设置"界面进行设置，如图 6-17 所示。

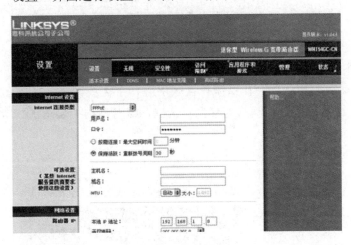

图 6-17　设置路由器

● 用户名和口令

输入通过 PPPoE 连接到 ISP 时所使用的用户名和口令。与建立拨号连接时使用的一致，一般在安装 ADSL 时从电信部门获得。

● 按需连接

可以将路由器配置为在指定的不活动时段（最大空闲时间）之后断开 Internet 连接。如果由于不活动而终止了 Internet 连接，那么当用户再次尝试访问 Internet 时，"按需连接"将使路由器自动重新建立连接。如果要激活"按需连接"，请单击相应的单选按钮。在"最大空闲时间"字段中输入 Internet 连接终止之前经过的时间（单位为分钟）。

● 保持活跃

该选项可以确保始终连接到 Internet，即使连接处于空闲状态时也是如此。要使用该选项，请单击相应的单选按钮。默认的"重新拨号周期"为 30 秒（换句话说，路由器将每隔 30 秒检查一次 Internet 连接，如果连接不存在，则重新建立连接）。

● 本地 IP 地址和子网掩码

这是外部用户（包括 ISP）在 Internet 上看到的路由器 IP 地址和子网掩码。如果用户的 Internet 连接需要静态 IP 地址，那么 ISP 将为用户提供静态 IP 地址和子网掩码。

● 默认网关

ISP 将为用户提供网关 IP 地址。

步骤四：在"基本无线设置"界面进行设置，包括模式、无线网络名称（SSID）、无线通道、无线 SSID 广播。

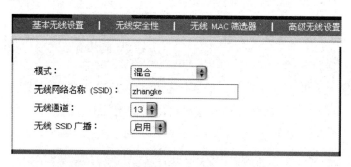

图 6-18   设置路由器

（3）无线网卡的参数设置。

①无线网卡安装成功后，会在系统托盘区出现一个无线网络连接的图标。双击该图标会弹出如图 6-19 所示的"无线网络连接"对话框，该对话框中显示了网卡检测到的无线连接信息。

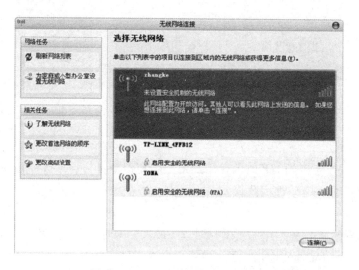

图 6-19   "无线网络连接"对话框

②在"选择无线网络"窗格中选择需要的无线网络，单击"连接"按钮，如果此连接没有设置加密信息，连接就会立即自动建立，如图 6-20 所示。

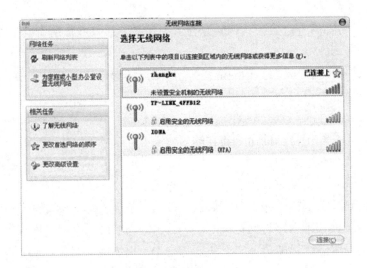

图 6-20　连接无线网络

③如果选择的无线网络设置了加密信息，则会弹出如图 6-21 所示的"无线网络连接"对话框，要求输入网络密钥。输入网络密钥，单击"连接"按钮，就可以连接到无线网络了。

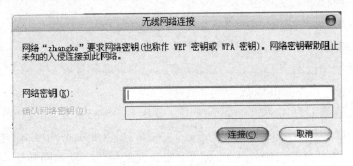

图 6-21　"无线网络连接"对话框

（4）路由器还支持其他几种连接到 Internet 的方式。

①自动配置 DHCP：默认情况下，路由器的 Internet 连接类型被设置为自动配置 DHCP，只有 ISP 支持 DHCP 或者通过动态 IP 地址进行连接时才可保留该设置。

②静态 IP：如果需要使用永久 IP 地址连接到 Internet，那么请选择静态 IP，然后输入相应的 IP 地址、默认网关、DNS 等参数。

6.2　单元过关测验

一、单项选择题

1．以下关于局域网特点的说法中不正确的是（　　　）。

A．局域网拓扑结构规则选择灵活　　　　B．可用传输介质较少

C．范围有限、用户个数有限　　　　　　D．可靠性较高

2．在局域网拓扑结构中，所有结点都直接连接到一条公共传输媒介上（不闭合），任何

一个结点发送的信号都沿着这条公共传输媒介进行传播，而且能被所有其他结点接收。这种网络结构称为（　　）。

  A．星形拓扑   B．总线型拓扑   C．环形拓扑   D．树形拓扑

  3．以太网交换机中的 MAC 地址映射表（　　）。

  A．是由交换机的生产厂商建立的

  B．是由网络用户利用特殊的命令建立的

  C．是由网络管理员建立的

  D．是交换机在数据转发过程中通过学习动态建立的

  4．IEEE802 工程标准中的 802.3 协议是（　　）。

  A．局域网的载波侦听多路访问标准   B．局域网的令牌环网标准

  C．局域网的令牌总线标准   D．局域网的互联标准

  5．令牌总线（Token Bus）的访问方法和物理层技术规范使用的协议标准是（　　）。

  A．IEEE802.2 B．IEEE802.3 C．IEEE802.4 D．IEEE802.5

  6．下列关于以太网的说法中正确的是（　　）。

  A．数据是以广播方式发送的

  B．所有结点可以同时发送和接收数据

  C．两个结点相互通信时，第 3 个结点不监测总线上的信号

  D．网络中有一个控制中心，用于控制所有结点的发送和接收

  7．在以太网中，集线器的级联（　　）。

  A．必须使用直通 UTP 电缆   B．必须使用交叉 UTP 电缆

  C．必须使用同一种速率的集线器   D．可以使用不同速率的集线器

  8．有 10 台计算机组成 10Mbps 以太网，如分别采用共享以太网和交换以太网技术，则每个站点所获得的数据传输速率分别为（　　）。

  A．10Mbps 和 10Mbps   B．10Mbps 和 1Mbps

  C．1Mbps 和 10Mbps   D．1Mbps 和 1Mbps

  9．以下有关以太网交换机的说法中错误的是（　　）。

  A．以太网交换机可以对通过的信息进行过滤

  B．以太网交换机中端口的速率可能不同

  C．在交换式以太网中可以划分 VLAN

  D．利用多个以太网交换机组成的局域网不可能出现环路

  10．Ethernet 采用的媒体访问控制方式为（　　）。

  A．CSMA/CD B．令牌环   C．令牌总线   D．无竞争协议

  11．令牌环（Token Ring）的访问方法和物理技术规范由（　　）描述。

  A．IEEE802.2 B．IEEE802.3 C．IEEE802.4 D．IEEE802.5

  12．局域网的标准以美国电气电子工程师学会制定的（　　）作为标准。

  A．IEEE801 B．IEEE802 C．IEEE803 D．IEEE804

  13．在局域网中，MAC 指的是（　　）。

A．逻辑链路控制子层　　　　　　　　　　B．介质访问控制子层

C．物理层　　　　　　　　　　　　　　　D．数据链路层

14．目前局域网上的数据传输速率范围一般在（　　　）。

A．9600bps～56kbps　　　　　　　　　　B．64kbps～128kbps

C．10Mbps～1000Mbps　　　　　　　　　D．1000Mbps～10000Mbps

15．目前局域网的传输介质主要是同轴电缆、双绞线和（　　　）。

A．通信卫星　　　　　B．公共数据网　　　　C．电话网　　　　D．光纤

16．IEEE802 网络协议只覆盖了 OSI 参考模型的（　　　）。

A．应用层与传输层　　　　　　　　　　　B．应用层与网络层

C．数据链路层与物理层　　　　　　　　　D．应用层与物理层

17．IEEE802.3 标准定义的介质访问控制方法是（　　　）。

A．CSMA/CD 总线　　B．令牌总线　　　　C．令牌环　　　　D．无线局域网

18．以太网协议是一个（　　　）协议。

A．无冲突的　　　　　B．有冲突的　　　　C．多令牌的　　　　D．单令牌的

19．标准 10Mbps 802.3 LAN 的传输速率为（　　　）。

A．20Mbps　　　　　B．10Mbps　　　　　C．5Mbps　　　　D．40Mbps

20．10 兆以太网采用的传输方式是（　　　）。

A．微波　　　　　　　B．频带　　　　　　C．宽带　　　　　D．基带

21．10Base-5 以太网中的"5"是指（　　　）。

A．传输速率为 5Mbps　　　　　　　　　　B．一个网段中只能有 5 台联网的计算机

C．表示每个网段最大长度为 500m　　　　　D．采用 5 类双绞线作为传输介质

22．在 10Base-T 以太网中，使用双绞线作为传输介质，最大的网段长度是（　　　）。

A．2000m　　　　　　B．500m　　　　　　C．185m　　　　　D．100m

23．10Base-F 以太网采用的传输介质是（　　　）。

A．粗缆　　　　　　　B．细缆　　　　　　C．双绞线　　　　D．光纤

24．10Base-5 采用的是（　　　）。

A．粗同轴电缆，星形拓扑结构　　　　　　B．粗同轴电缆，总线型拓扑结构

C．细同轴电缆，星形拓扑结构　　　　　　D．细同轴电缆，总线型拓扑结构

25．在 OSI 参考模型中，局域网用到的两层是（　　　）。

A．传输层和应用层　　　　　　　　　　　B．物理层和网络层

C．物理层和数据链路层　　　　　　　　　D．数据链路层和传输层

26．如果要用非屏蔽双绞线组建以太网，需要购买带（　　　）接口的以太网卡。

A．RJ-45　　　　　　B．F/O　　　　　　C．AUI　　　　　D．BNC

27．100Base-T 中的"100"代表（　　　）含义。

A．传输速率为 100Mbps　　　　　　　　　B．传输速率为每秒 100MB

C．网络的最大传输距离为 100km　　　　　D．网络的联网主机最多为 100 台

28．某单位已经组建了多个 Ethernet 工作网络，如果计划将这些工作网络通过主干网互

联，那么下面哪一种是主干网优选的网络技术？（　　）

A. 帧中继　　　　　B. ATM　　　　　　C. FDDI　　　　　　D. 千兆以太网

29. 以下不使用 CSMA/CD 介质访问控制方式的是（　　）。

A. 10Base-T　　　　B. 100Base-T　　　C. 1000Base-T　　　D. 万兆以太网

30. 光纤分布式数据接口 FDDI 采用的拓扑结构是（　　）。

A. 星形　　　　　　B. 环形　　　　　　C. 总线型　　　　　D. 树形

31. CSMA/CD 所解决的问题主要是（　　）。

A. 冲突　　　　　　B. 增加带宽　　　　C. 降低延迟　　　　D. 提高吞吐量

32. 10Base-T 以太网采用的拓扑结构是（　　）。

A. 总线型　　　　　B. 网状型　　　　　C. 星形　　　　　　D. 环形

33. 以下表示传输速率为 100Mbps 的 5 类双绞线的是（　　）。

A. 10Base-T　　　　B. 10Base-5　　　　C. 100Base-T　　　D. 100Base-F

34. 以下属于使用光纤作为传输介质的以太网的是（　　）。

A. 10Base-2　　　　B. 10Base-5　　　　C. 10Base-T　　　　D. 100Base-F

35. FDDI 标准规定网络的传输介质采用（　　）。

A. 非屏蔽双绞线　　B. 屏蔽双绞线　　　C. 光纤　　　　　　D. 同轴电缆

36. 测试网络是否连通可以使用（　　）命令。

A. telnet　　　　　B. nslookup　　　　C. ping　　　　　　D. ftp

37. 以下哪个命令用于查看网卡的 MAC 地址？（　　）

A. cmd　　　　　　B. ping　　　　　　C. ipconfig　　　　D. nslookup

38. WLAN 技术使用的传输介质是（　　）。

A. 双绞线　　　　　B. 同轴电缆　　　　C. 光纤　　　　　　D. 无线电波

39. 无线局域网使用的标准是（　　）。

A. IEEE802.11　　　B. IEEE802.15　　　C. IEEE802.3　　　D. IEEE802.20

40. 无线局域网相对于有线网络的主要优点是（　　）。

A. 可移动性　　　　B. 传输速率快　　　C. 安全性高　　　　D. 抗干扰性强

二、多项选择题

41. 决定局域网特性的主要技术有（　　）。

A. 传输媒介　　　　B. 使用的操作系统　C. 媒体访问控制技术　D. 传输距离

E. 拓扑结构

42. 目前局域网最常用的网络拓扑结构是（　　）。

A. 星形　　　　　　B. 混合型　　　　　C. 环形　　　　　　D. 网状型

E. 总线型

43. 常见的局域网标准有（　　）。

A. FDDI　　　　　　B. ATM　　　　　　C. Intranet　　　　D. 以太网

E. 无线局域网

44. 衡量一个网络性能的指标有（　　）。

A．吞吐量　　　　B．带宽　　　　C．信道利用率　　　D．规模

E．时延

45．属于局域网特点的有（　　　）。

A．覆盖范围小　　B．误码率低　　C．比特率高　　　D．主机数太少

E．时延低

三、判断题（正确的在括号内打√，错误的打×）

46．局域网中物理拓扑结构与逻辑拓扑结构一定相同。（　　　）

47．10Basc-2 以太网采用总线型拓扑结构。（　　　）

48．10Base-T 采用的传输介质是非屏蔽双绞线。（　　　）

49．10Base-T 采用 RJ-45 接头。（　　　）

50．100Base-T 标准规定网卡与 HUB 之间的非屏蔽双绞线长度为 100m。（　　　）

51．百兆以太网的传输介质可以使用同轴电缆。（　　　）

52．环形拓扑结构中每个结点共享一条环路，容易产生不可避免的冲突。（　　　）

53．所谓"5-4-3 规则"，是指在 10Mbps 以太网中，网络总长度不得超过 5 个区段，4 台网络延长设备，且 5 个区段中只有 3 个区段可接网络设备。（　　　）

54．划分虚拟局域网可以提高网络的安全性。（　　　）

55．在进行 ADSL MODEM+路由器的宽带连接时，MODEM 接在路由器的 LAN 端口上。（　　　）

四、填空题

56．在 IEEE802 局域网体系结构中，数据链路层被细化成 LLC 和_____两层。

57．不同的网络采用不同的通信协议，局域网中的以太网协议标准是_____。

58．带冲突检测的载波侦听多路访问的英文缩写是_____。

59．目前，在高速主干网、数据仓库、桌面电视会议、3D 图形与高清晰度图像应用中，一般采用_____ Mbps 以太网。

60．千兆以太网的传输介质可使用 5 类以上双绞线或_____。

61．要查看域名"www.fjsscm.com"对应的 IP 地址，可使用_____命令。

62．计算机要能接收 Wi-Fi 无线信号必须具有_____。

63．通常所说的 GPRS、3G、4G、5G 指的是_____技术。

64．ADSL 拨号上网用户使用的协议是_____。

65．家庭用户接入因特网常见的方式主要有光纤宽带、局域网接入及_____。

五、简答题

66．简述 CSMA/CD 的工作原理。

67．使用 ping 命令无法连通服务器，应从哪些方面查找故障原因？

68．简述 ipconfig 命令及各参数的作用。

69．家庭用户多台计算机共享一个 ADSL 账户上网（含无线上网），需要具备哪些硬件？

70．请简述以太网和 FDDI 网的工作原理及数据传输过程。

第七章

Internet 基础

考 纲 要 求

1. 了解 Internet 发展过程，理解 Internet 的基本概念和常用术语，理解 Internet 网络基本服务；

2. 了解 Internet 的功能（电子邮件、文件传输、远程登录、WWW、即时通信等）；

3. 掌握域名系统及常见域名（.com、.cn、.net、.org、.gov、.edu 等）；

4. 掌握 URL 的含义；

5. 理解常用的 Internet 接入技术（PSTN、ADSL、ISDN、DDN、帧中继等）。

7.1 考点要求及知识梳理

【考点1】 了解 Internet 发展过程，理解 Internet 的基本概念和常用术语，理解 Internet 网络基本服务

【知识梳理】

1. Internet 发展历程

（1）ARPANET 的诞生。

1969 年，美国国防部高级研究计划署资助建立了一个名为 ARPANET（阿帕网）的网络，创建的初衷是军事用途，将位于各个结点的大型计算机采用分组交换技术，通过专门的通信交换机（IMP）和专门的通信线路相互连接。"阿帕网"就是 Internet 最早的雏形。

（2）TCP/IP 协议的产生。

1972 年，全世界计算机业和通信业的专家学者在美国华盛顿举行了第一届国际计算机通信会议，会议决定成立 Internet 工作组，负责建立一种能保证计算机之间进行通信的标准规范（即"通信协议"）。1974 年，IP（Internet 协议）和 TCP（传输控制协议）问世，合称为 TCP/IP 协议。

（3）NSFNET 的出现。

Internet 的第一次快速发展源于美国国家科学基金会（National Science Foundation，NSF）的介入，即建立 NSFNET。

20 世纪 80 年代中期，利用 ARPANET 发展出来的 TCP/IP 通信协议，建立名为 NSFNET 的广域网。

（4）万维网技术的出现。

万维网 WWW（World Wide Web，又称为环球信息网）是一个庞大的信息网络集合，是一个由许多互相链接的超文本组成的系统，由"统一资源定位器"（URL）标识，通过互联网访问。

WWW 分为 Web 客户端和 Web 服务器程序，可让 Web 客户端利用诸如 IE 或 Firefox 之类的浏览器访问和浏览 Web 服务器上的页面。资源通过超文本传输协议（HTTP）传送给用户，用户通过点击链接来获得资源。

万维网联盟 W3C（World Wide Web Consortium），又称 W3C 理事会，1994 年 10 月在麻省理工学院（MIT）计算机科学实验室成立。万维网联盟的创建者是万维网的发明者蒂姆·伯纳斯·李。

2．Internet 在中国的发展

（1）研究试验阶段（1986.6～1993.3）。

仅为少数高等院校、研究机构提供电子邮件服务。1987 年 9 月 14 日，中国科研人员在北京试发电子邮件后等待来自卡尔斯鲁厄大学的正确字符。这是从北京向海外发出的中国第一封电子邮件，从此揭开了中国人使用互联网的序幕。第一封邮件的内容是 Across the Great Wall we can reach every corner in the world（越过长城，走向世界），标题和内容均由英、德双语写成。7 天后，也就是 1987 年 9 月 20 日，这封邮件终于穿越了半个地球到达德国（因为线路问题而延迟）。

（2）起步阶段（1994.4～1996）。

1994 年 4 月，中关村教育与科研示范网络（NCFC）连入 Internet 的 64kb 国际专线开通，实现了与 Internet 的功能连接，从此中国被国际上正式承认为有互联网的国家。

中国的四大骨干网络：中国教育与科研计算机网（CERNET）、中国科学技术网（CSTNET）、中国金桥信息网（ChinaGBNET）、中国公用计算机互联网（ChinaNET）。

（3）快速发展阶段（1997 年至今）。

国家高度重视信息基础设施的建设，建立"信息高速公路"，即创建一个高速率、大容量、多媒体化的信息传输网络。

3．Internet 的技术管理机构

Internet 标准的特点是自发而非政府干预的，称为 RFC。因特网的管理机构主要有：

（1）美国国家科学基金会（NSF），成立于 1950 年，相当于中国的国家自然科学基金会（NSFC）；

（2）Internet 协会（ISOC），创建于 1992 年，主要与其他组织合作，共同完成 Internet 标准与协议的制定；

（3）Internet 体系结构委员会（IAB），创建于 1992 年 6 月，主要监督 Internet 协议体系结构及其发展，提供创建 Internet 标准的步骤，管理 Internet 标准化 RFC 文档系列，管理各种已分配的 Internet 地址；

（4）Internet 工程任务组（IETF）；

（5）Internet 研究部（IRTF）；

（6）Internet 网络信息中心（InterNIC）；

（7）Internet 赋号管理局（IANA）。

4．Internet 的常用术语

ARPANET、BBS、DNS、FTP、HomePage、HTML、HTTP、Hyperlink、ICP、ISP、IM、IP 地址、POP 协议、PPP、PPPoE、SMTP、TCP/IP、TELNET、URL、WWW、USENET 等。

5．Internet 提供的基本服务

常用服务包括电子邮件（E-mail）、远程登录服务（TELNET）、文件传输服务（FTP）、信息浏览服务（WWW）、网络通信、电子商务以及其他服务等。

【考点2】　了解 Internet 的功能
（电子邮件、文件传输、远程登录、WWW、即时通信等）

【知识梳理】

1．电子邮件服务（E-mail）

（1）电子邮件概述。

电子邮件是通过网络传递的电子信件，是一种非实时信息交流方式。利用电子邮件不仅可以发送文字，还可以附件的形式发送图像、声音、视频等其他格式的文件。电子邮件因为具有操作简便、易于保存、投递迅速、一次可以发送多个文件、一封邮件可以发送给多个人等优点而得到广泛应用。电子邮件的三要素：账号、主题、内容。

电子邮件的收发过程是：发送方将制作好的电子邮件，通过简单邮件传输协议（SMTP）发送到邮件服务器（SMTP 服务器）；邮件服务器将邮件发送到接收方所在邮件服务器；接收方邮件服务器通过邮局协议（POP3）接收并缓存邮件，然后通知接收方有新邮件到来。若接收方离线，邮件会保存在邮件服务器中，所以对方关机了也可以照样发送邮件。

电子邮件的收发方式有两类：一是利用邮件客户端软件进行收发（C/S 模式），如使用 Foxmail、Outlook 2010 软件收发邮件；二是通过浏览器登录邮件服务器，直接在网页页面上收发邮件（B/S 模式）。

（2）电子邮件常用协议。

①简单邮件传输协议（SMTP）：使用 TCP 端口 25，主要用于邮件服务器之间传输邮件信息，发送邮件使用该协议。

②多用途互联网邮件扩充协议（MIME）：允许在发送电子邮件时附加多媒体数据。

③邮局协议（POP3）：使用 TCP 端口 110，允许用户从服务器上把邮件存储到本地主机上，主要用于接收邮件。

④互联网邮件访问协议（IMAP）：用于下载电子邮件，在用户未发出删除邮件的命令前，将邮件保存在服务器邮箱中。

（3）邮件账户的格式：用户名@服务器域名，用户名一般规定由字母、数字、下划线组成，如 abc_123@qq.com。收发邮件的双方必须都有邮件账户。用户的邮箱是邮件服务器硬盘上的一块区域。若要将一封邮件同时发给多个人，则多个账户之间用"，"或"；"分隔。

2．远程登录服务（TELNET）

远程登录是 Internet 远程访问的工具，登录成功后，用户可实时使用该机上全部对外开放的资源。它为用户提供了在本地计算机上完成远程主机工作的能力。

3．文件传输服务（FTP）

用于上传、下载文件，为计算机之间双向文件传输提供了一种有效的手段。采用客户机/服务器工作模式。FTP 的工作模式有三种类型：传统的 FTP 命令行、浏览器和窗口式的 FTP 下载工具（如 CuteFTP、FlashFXP）。目前大多数提供公共资料的 FTP 服务器都提供匿名 FTP 服务，不需要预先向服务器申请账号。

4．WWW 服务（World Wide Web）

WWW 服务也称 Web 服务，使用超文本链接，是目前因特网上最受欢迎的信息服务类型之一。

（1）超文本（Hypertext）和超媒体（Hypermedia）：是管理多媒体数据信息的一种技术，以超链接为核心，把各种对象组织在一起便于浏览使用。

（2）WWW 服务系统：采用客户机/服务器工作模式，以超文本标记语言（HTML）与超文本传输协议（HTTP）为基础，为客户提供界面一致的信息浏览系统，信息资源以页面的形式存储在服务器中。

（3）WWW 浏览器：负责接收用户的请求并利用 HTTP 协议将用户的请求传送给 WWW 服务器，以及解释和执行 HTML 页面。

5．新闻组（USENET）

它是 Internet 上出现最早的五大应用之一，是一种利用网络，通过电子邮件进行专题研讨的国际论坛。采用多对多的传递方式。用户可以使用新闻阅读程序访问 USENET 服务器。

6．电子公告牌（BBS）

即电子论坛，用户可以通过 BBS 服务与从未谋面的网友聊天、组织沙龙、获得帮助、讨论问题等。

7．即时通信与非即时通信

即时通信：QQ、MSN、微信、阿里旺旺、IP 电话等；

非即时通信：E-mail、BBS、博客、微博等。

8．端口号

数据是通过端口通知传输层协议送给哪个软件处理的，如果多个程序共用一个端口来接收数据的话，数据包送来后传输层不知道该送给哪个软件进行处理，这样势必导致混乱。每个服务都有一个对应的端口号，常用服务与默认端口号如表 7-1 所示。

表 7-1　常用服务与默认端口号

服 务 类 型	端 口 号
HTTP	80
FTP	21
TELNET	23
SMTP	25
POP3	110

【考点3】 掌握域名系统及常见域名
（.com、.cn、.net、.org、.gov、.edu 等）

【知识梳理】

1. 域名系统（DNS）

DNS 是一个可以将域名和 IP 地址相互映射的分布式数据库，能够使人们直接使用有一定意义的主机名访问互联网，而不用去记住能够被机器直接识别的 IP 地址。它是一种点分层次结构的域名体系，为主机提供域名和 IP 地址之间的互相转换。

域名采用点分制的层次结构：主机名.机构名.网络名.顶级域名（地理域名，最高层域名）。例如，清华大学邮件服务器的域名 mail.tsinghua.edu.cn，其中四级域名 mail 为主机名，三级域名 tsinghua 为机构名，二级域名 edu 代表行业组织类别（教育机构），顶级域名为 cn（代表中国），如图 7-1 所示。

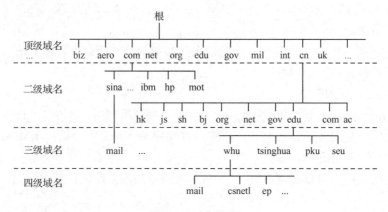

图 7-1 域名结构

2. 常见域名（如表 7-2 和表 7-3 所示）

表 7-2 组织机构域名代码

域 名 代 码	意 义
com	商业组织
edu	教育机构
gov	政府部门
mil	军事部门
net	网络服务机构
org	其他组织（非营利机构）
arpa	临时 ARPA（未用）
int	国际组织

表 7-3　国家或地区域名代码

地 区 代 码	国家或地区	地 区 代 码	国家或地区
cn	中国	jp	日本
au	澳大利亚	kr	韩国
tw	中国台湾	mo	中国澳门
hk	中国香港	uk	英国

3．域名解析服务

（1）域名解析。

①域名到 IP 地址的转换过程。

②域名的解析工作由 DNS 服务器完成。

③一个域名对应一个 IP 地址，一个 IP 地址可以对应多个域名。

（2）DNS 服务器：承担域名解析任务的计算机。

主要功能：

①保存主机名称及对应的 IP 地址的数据库；

②接受 DNS 客户机提出的查询请求；

③若在本 DNS 服务器未查询到，能够自动向其他 DNS 服务器查询；

④向 DNS 客户机提供查询的结果。

（3）域名解析过程。

第一步：本地客户机提出域名解析请求，查找本地 HOST 文件后将该请求发送给本地的域名服务器。

第二步：当本地的域名服务器收到请求后，就先查询本地的缓存，如果有该记录项，则本地的域名服务器就直接返回查询的结果。

第三步：如果本地 DNS 缓存中没有该记录，则本地域名服务器就直接把请求发给根域名服务器，然后根域名服务器再返回给本地域名服务器一个所查询域（根的子域）的主域名服务器的地址。

第四步：本地服务器再向上一步返回的域名服务器发送请求，然后接受请求的服务器查询自己的缓存，如果没有该记录，则返回相关的下级的域名服务器的地址。

第五步：重复第四步，直到找到正确的记录。

第六步：本地域名服务器把返回的结果保存到缓存，以备下一次使用，同时还将结果返回给客户机。

递归查询：在该模式下 DNS 服务器接收到客户机请求，必须使用一个准确的查询结果回复客户机。如果 DNS 服务器在本地没有存储查询的 DNS 信息，那么该服务器会询问其他服务器，并将返回的查询结果提交给客户机。

迭代查询：DNS 所在服务器若没有可以响应的结果，会向客户机提供其他能够解析查询请求的 DNS 服务器地址。当客户机发送查询请求时，DNS 服务器并不直接回复查询结果，而是告诉客户机另一台 DNS 服务器地址，客户机再向这台 DNS 服务器提交请求。重复循环，直到返回查询的结果为止。例如，客户端申请解析域名 jsfj.com 的过程如图 7-2 所示。

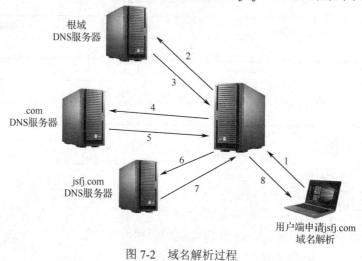

图 7-2　域名解析过程

【考点 4】　掌握 URL 的含义

【知识梳理】

统一资源定位器（URL）：是一种在 Internet 上访问网络资源的统一格式，一种系统的地址符号，它拥有自己的语法，用简洁的字符串来表示通过 Internet 进行传输的资源。

1. 书写格式

通信协议://服务器域名或 IP 地址/路径/文件名

（1）通信协议：又称信息服务类型，是客户端浏览器访问各种服务器资源的方法，URL 中常用的协议是 HTTP、FTP、TELNET 等。

（2）//后面是信息资源在服务器上的存放路径和文件名，用来指定用户所要获取的文件目录，由文件所在的路径、文件名、扩展名组成。

例如，http://www.stm.gov.cn/mai/log.html 就是一个完整的 URL。

2. 超文本标记语言（HTML）

支持文本和图片的格式文件并通过浏览器解释执行后显示在屏幕上。由于对浏览器进行了不同的设定，相同的 HTML 文档，两个不同浏览器也许会得到不同的显示结果。每个 HTML 文档都分为两个部分：头部和主体。头部包含了该文档的相关信息，如标题、关键字、作者、描述等；而主体则包含将会被显示的信息，这些信息包括文本、图片和连接到其他文档或网页的超链接。HTML 用标签来标记各个对象，HTML 文件的结构如下：

<HTML>……文件开始

　　<HEAD>……文件头

　　<TITLE>福建省学业水平考试</TITLE>……标题

　　</HEAD>……文件头结束

　　<BODY>……主体

　　　　　<Font size=9 Color=red>《计算机网络技术》考试大纲</Font >······主体内容

　　　　　<img src="student.gif" />······插入图片标签

　　　</BODY >······主体结束

　</HTML >······文件结束

【考点5】　理解常用的 Internet 接入技术 （PSTN、ADSL、ISDN、DDN、帧中继等）

【知识梳理】

1．Internet 服务提供商（ISP）

ISP（Internet Service Provider）即 Internet 服务提供商，能提供接入 Internet 服务和网上浏览、下载文件、收发电子邮件等服务，是网络用户进入 Internet 的入口和桥梁，如中国电信、中国联通、中国移动等。

2．有线接入技术

（1）公共交换电话网络（PSTN）：即我们日常生活中常用的电话网，是基于标准电话线路的电路交换服务，用来作为连接远程端点的连接方法，通信费用最低，但数据传输质量及传输速率最差，网络资源利用率也比较低。典型的应用有远程端点和本地 LAN 之间的连接以及远程用户拨号上网。

电话拨号接入（PPP）：最早使用的方式之一，只需一个 MODEM、一根电话线即可，结构简单，费用低，但速度慢（最高为56kbps），目前已逐步淘汰。

（2）DDN 专线接入：DDN（数字数据网）是一种数字传输网络，采用租用电信运营商专线的方式接入，指通过 DDN、帧中继、X.2、数字专用线路、卫星线路等数据通信线路与 ISP 相连，借助 ISP 与 Internet 骨干网的连接通路访问 Internet。这种线路优点很多：有固定的 1P 地址，可靠的线路，永久的连接，较高的速率等，适合对带宽要求比较高的应用，如金融、证券、保险业、交通运输行业、政府机关等。但是，由于整个链路被企业独占，所以费用很高，因此中小企业较少选择。

（3）ISDN 接入：综合业务数字网接入，俗称"一线通"，是普通电话拨号接入和宽带接入之间的过渡方式。它不用 MODEM，而是用 ISDN 适配器来拨号，通过提供端到端的数字连接，来实现语音、数据、传真、可视图文、电子信箱、可视电话、电视会议、语音信箱等多种业务。能同时进行语音和数据的传送，传输速率快（128kbps），通信质量高，数据传输比特误码率比 PPP 至少改善十倍。快速的连接以及比较可靠的线路，可以满足中小型企业浏览以及收发电子邮件的需求，还可以通过 ISDN 和 Internet 组建企业 VPN。

（4）HFC 接入：混合光纤同轴网，是指光纤同轴电缆混合网，采用光纤到服务区，"最后一千米"采用同轴电缆。有线电视就是最典型的 HFC 网。

（5）xDSL 接入：是 DSL 的统称，即数字用户线路，是以电话线为传输介质，点对点传输的宽带接入技术。它可以在一根铜线上分别传送数据和语音信号，其中数据信号并不通过电话交换设备，并且不需要拨号，不影响通话。

ADSL 即非对称数字用户环路，是在无中继的用户环路上，使用由负载电话线提供高速数字接入的传输技术，它的上传和下行速率是不对称的，故称为"非对称"。现有技术可实现3 个信息通道：

①传输速率为 1.5Mbps～8Mbps 的高速下行通道，实现高速下载；

②传输速率为 640kbps～1Mbps 的中速双工通道；

③普通电话通道。

优点：无须改动电话线，只需在原有的电话线上加一个复用设备，在使用时用户必须使用一种特制的 MODEM，在计算机端用一块网卡即可，可进行视频会议和影视节目传输，适合中小企业。但有效传输距离只有 3～5km，限制了它的应用范围。

（6）Cable MODME 接入：是一种利用有线电视网的同轴电缆实现高速接入互联网的方式。它一般有两个接口：一个用来接室内的有线电视端口，另一个与计算机相连。用户不需要电话线和任何的拨号装置，只要有计算机和 Cable MODME 即可通过有线电视网接入互联网，传输速率可达 10Mbps。

使用 Cable MODEM 传输数据时，将同轴电缆的整个频带划分为三部分：第一部分用于数字信号上传；第二部分用于数字信号下传；第三部分用于电视节目（模拟信号）下传。数字信号和模拟信号使用不同的频带，因而不会发生冲突，这也是为什么上网时还可以同时收看电视节目的原因。

（7）光纤宽带接入（FTTx）：采用光纤作为主要的传输介质，光纤的两端分别装有"光纤猫"进行信号转换。分为光纤到路边（FTTC）、光纤到小区（FTTZ）、光纤到楼（FTTB）、光纤到办公室（FTTO）和光纤到户（FTTH）等。

①光纤到楼（FTTB）：利用光纤加 5 类双绞线方式实现宽带接入的方案，千兆光纤到小区中心交换机，中心交换机和楼道交换机以百兆光纤或 5 类双绞线相连，采用专线接入，无须拨号，带宽为共享式，住户实际可得带宽受并发用户数限制。

②光纤到户（FTTH）：指一根光纤直接到用户家中。特点：

● 无源网络，从局域网端口到用户，中间基本无源；

● 带宽较宽，长距离，符合运营商的大规模运用方式；

● 业务在光纤上承载，减少中间结点，减少故障；

● 支持的协议比较灵活，能够满足 IPTV、视频监控、通话、环境监控等多方面需求；

● 随着技术的发展，成本不断降低，功能不断完善。

3．无线接入技术

指从业务结点到用户终端之间的全部或部分传输设施采用无线手段，向用户提供固定和移动接入服务的技术。

无线上网的方式有两大类：一类是无线局域网方式（WLAN）；另一类是无线移动网络，即 GPRS 或 4G、5G 方式。

可以使用 ADSL、有线通或其他方式接入无线路由器。

7.2　单元过关测验

一、单项选择题

1．因特网（Internet）起源于（　　）。

A．ARPANET　　　　B．CERNET　　　　C．NSFNET　　　　D．Ethernet

2．以下关于 Internet 的说法中正确的是（　　）。

A．Internet 属于美国　　　　　　　　B．Internet 属于联合国

C．Internet 属于国际红十字会　　　　D．Internet 不属于某个国家或组织

3．Internet 的含义是（　　）。

A．泛指由多个网络连接而成的计算机网络

B．指由学校内许多计算机组成的校园网

C．专指在阿帕网基础上发展起来的，现已遍布全球的国际互联网

D．由某个城市中所有单位的局域网组成的城域网

4．WWW 上每一个网页（Home Page）都有一个独立的地址，这些地址统称为（　　）。

A．IP 地址　　　　　　　　　　　B．域名系统（DNS）

C．统一资源定位器（URL）　　　　D．E-mail 地址

5．文件传输使用的协议是（　　）。

A．FTP　　　　　　B．WWW　　　　　C．HTML　　　　　D．SMTP

6．Internet 上的域名系统 DNS（　　）。

A．可以实现域名之间的转换　　　　B．只能实现域名到 IP 地址的转换

C．只能实现 IP 地址到域名的转换　　D．可以实现域名与 IP 地址的相互转换

7．WWW 客户端与 WWW 服务器之间的信息传输使用的协议为（　　）。

A．SMTP　　　　　B．HTML　　　　　C．IMAP　　　　　D．HTTP

8．在 TCP/IP 参考模型中，负责提供面向无连接服务的协议是（　　）。

A．FTP　　　　　　B．DNS　　　　　　C．TCP　　　　　D．UDP

9．1987 年 9 月 20 日我国（　　）教授发出了第一封电子邮件"越过长城，通向世界"，揭开了中国人使用 Internet 的序幕。

A．邓稼先　　　　　B．钱天白　　　　　C．袁隆平　　　　　D．钱学森

10．发送电子邮件使用的协议是（　　）。

A．SMTP　　　　　B．POP3　　　　　C．IMAP4　　　　　D．IPv6

11．网络协议是支撑网络运行的通信规则，能够快速上传和下载图片、文字或其他资料使用的协议是（　　）。

A．POP3　　　　　B．FTP　　　　　　C．HTTP　　　　　D．TCP/IP

12．一般来说，用户上网要通过 Internet 服务提供商，其英文缩写为（　　）。

A．IDC　　　　　　B．ICP　　　　　　C．ASP　　　　　D．ISP

13．对于网络协议，以下说法中正确的是（　　）。

A. 我们所说的 TCP/IP 协议就是指传输控制协议

B. 浏览器使用的是传输控制协议

C. Internet 最基本的网络协议是 TCP/IP 协议

D. 没有网络协议，网络也能实现可靠地传输数据

14. 域名服务器上存放着 Internet 主机的（　　　）。

A. 域名和 IP 地址的对照表　　　　　　　B. IP 地址和以太网地址对照表

C. 用户名　　　　　　　　　　　　　　D. ISP 名录

15. 某用户在域名为 mail.swust.edu.cn 的服务器上申请了一个名为"licy"的账号，其获得的邮件地址是（　　　）。

A. licy@mail.swust.edu.cn　　　　　　　B. licy&mail.swust.edu.cn

C. licy%mail.swust.edu.cn　　　　　　　D. mail.swust.edu.cn@licy

16. 用户的电子邮箱是（　　　）。

A. 通过邮局申请的个人信箱　　　　　　B. 邮件服务器内存中的一块区域

C. 邮件服务器硬盘上的一块区域　　　　D. 用户计算机硬盘上的一块区域

17. 以下不属于邮件协议的一项是（　　　）。

A. SMTP　　　　　B. MIME　　　　　C. POP3　　　　　D. FTP

18. TELNET 协议主要工作在（　　　）。

A. 应用层　　　　B. 网络层　　　　C. 传输层　　　　D. 数据链路层

19. 当你在网上下载软件时，你享受的网络服务类型是（　　　）。

A. 文件传输　　　B. 远程登录　　　C. 信息浏览　　　D. 即时通信

20. mail.cernet.edu.cn 是 Internet 上一台计算机的（　　　）。

A. IP 地址　　　　B. 域名　　　　　C. 名称　　　　　D. 地址

21. 以下顶级域名中表示政府机构的是（　　　）。

A. .com　　　　　B. .edu　　　　　C. .gov　　　　　D. .net

22. 有一个 URL 地址"http://sheq.shwc.com.cn"，其中"sheq"称为（　　　）。

A. 机构名　　　　B. 主机名　　　　C. 网络名　　　　D. 最高层域名

23. 域名与 IP 地址的对应关系的转换是通过（　　　）协议实现的。

A. ARP　　　　　B. RARP　　　　　C. DNS　　　　　D. WINS

24. Internet 上计算机的名字由许多域构成，域间分隔符是（　　　）。

A. 小圆点　　　　B. 逗号　　　　　C. 分号　　　　　D. 冒号

25. 从网址 www.nankai.edu.cn 可以看出它属于中国的（　　　）。

A. 商业部门　　　B. 政府部门　　　C. 教育部门　　　D. 科技部门

26. Internet 的发展经历了四个阶段，正确的顺序是（　　　）。

①ARPANET 的诞生　②万维网技术的出现　③TCP/IP 协议的产生　④NSFNET 的出现

A. ①②③④　　　B. ①②③④　　　C. ①③④②　　　D. ①④③②

27. 如果文件"sam.exe"存储在一个名为"ok.edu.cn"的 FTP 服务器上，那么下载该文件使用的 URL 为（　　　）。

A．http://ok.edu.cn/sam.exe   B．ftp://ok.edu.cn/sam.exe

C．rtsp://ok.edu.cn/sam.exe   D．telnet://ok.edu.cn/sam.exe

28．在 Internet 中，用字符串表示的 IP 地址称为（   ）。

A．账户   B．域名   C．主机名   D．用户名

29．HFC 采用了以下哪个网络接入 Internet?（   ）

A．有线电视网   B．有线电话网   C．无线局域网   D．移动电话网

30．URL 的组成是（   ）。

A．协议、域名、路径和文件名   B．协议、WWW、HTML 和文件名

C．协议、文件名   D．Web 服务器和浏览器

31．以下关于 DNS 的理解中正确的是（   ）。

A．DNS 是个远程服务网   B．域名创建系统

C．域名控制管理器   D．域名解析系统

32．电子邮件地址的一般格式是（   ）。

A．用户名@域名   B．域名@用户名

C．IP 地址@域名   D．域名@IP 地址

33．BBS 表示（   ）。

A．网络寻呼   B．网络新闻组   C．电子公告牌   D．博客

34．以下有关网络协议与端口号的对应关系中，不正确的一项是（   ）。

A．HTTP—80   B．FTP—21   C．TELNET—23   D．SMTP—20

35．WWW 主要使用的语言是（   ）。

A．C++   B．Pascal   C．HTML   D．Java

36．以下哪一项不属于 Internet 服务?（   ）

A．E-mail   B．WWW   C．FTP   D．EMS

37．使用 IE 浏览器登录清华大学的 FTP 服务器 ftp://ftp.tsinghua.edu.cn 下载文件，这种网络应用软件结构属于（   ）。

A．TCP/IP 结构   B．OSI 结构   C．C/S 结构   D．B/S 结构

38．ChinaNET 作为中国的因特网骨干网，它是（   ）。

A．中国电信网   B．中国电视网

C．中国教育科研网   D．中国公用计算机互联网

39．在 IE 浏览器中输入 IP 地址 209.124.46.209，可以浏览到某网站，但是当输入该网站的域名 www.czind.com 时却发现无法访问，可能的原因是（   ）。

A．该网络未能提供域名服务管理   B．该网络在物理层有问题

C．本机的 IP 设置有问题   D．本网段交换机的设置有问题

40．家庭计算机用户上网可使用的技术是（   ）。

①电话线加 MODEM　②有线电视电缆加 Cable MODEM　③电话线加 ADSL
④光纤到户

A．①③   B．②③   C．②③④   D．①②③④

二、多项选择题

41．关于 WWW 服务系统的叙述中，正确的是（   ）。

A．采用客户机/服务器工作模式

B．传输协议使用 HTTP

C．页面到页面的连接由 URL 组成

D．客户端应用程序称为浏览器

E．WWW 代表应用层的一种协议

42．以下属于正确的 URL 路径的有（   ）。

A．http://www.sjtu.js.cn   B．http:\\www.sjtu.js.cn

C．ftp://ftp.pku.edu   D．http://162.105.129.103/jyzy

E．mailto:liping@sina.com

43．以下属于 Internet 应用的是（   ）。

A．远程教育   B．收发邮件   C．网购机票   D．货物快递

E．视频会议

44．"三网融合"中的"三网"指的是（   ）。

A．计算机网络   B．无线局域网   C．广播电视网   D．国家电网

E．电信通信网

45．以下属于网络即时通信软件的是（   ）。

A．阿里旺旺   B．微信   C．E-mail   D．微博

E．QQ

三、判断题（正确的在括号内打√，错误的打×）

46．Internet 是因特网，又称为国际互联网。（   ）

47．Internet 上域名专指一台服务器的名字。（   ）

48．ARPANET 产生于美国，最初用于教育培训。（   ）

49．信息高速公路是指一个高速度、大容量、多媒体的信息传输网络。（   ）

50．ADSL 的上行和下行速率是相同的。（   ）

51．宽带接入技术包括 xDSL、HFC、光纤接入、无线接入等。（   ）

52．所谓的宽带接入技术一般是指速率超过 1Mbps 的互联网接入技术。（   ）

53．搜索引擎是 WWW 上最常用的信息查询工具。（   ）

54．发布到因特网上的信息都是经过有关部门审核的，都是可信的，可直接使用。（   ）

55．我们在浏览万维网信息时鼠标指针变成 🖑 表明此处有超链接。（   ）

四、填空题

56．使用电话线路接入 Internet，客户端必须具有_____。

57．被称为"一线通"的 ISDN 网的中文名称是_____。

58．WWW 服务是目前因特网上使用最广泛的服务类型，它又称为_____服务。

59．Web 页面是一种结构化的文档，它采用的主要语言是_____语言。

60．_____技术为家庭和小型企业提供了宽带、高速接入 Internet 的方式。

61．因特网上一个服务器或一个网络系统的名字被称为＿＿＿＿＿＿＿。

62．通过 QQ 聊天软件进行语音聊天，该程序对应于 OSI 参考模型中的＿＿＿＿＿＿＿。

63．中国电信、中国联通等能提供因特网接入服务的机构都称为＿＿＿＿＿＿＿。

64．在因特网的各种应用中，视频聊天对带宽的要求比较＿＿＿＿＿＿＿。（填"高"或"低"）

65．用电话线拨号上网的 IP 地址一般采用＿＿＿＿＿＿＿分配。

五、简答题

66．上网时在 IE 浏览器的地址栏中输入一串字符"http://www.tongji.edu.cn/index.html"，据此回答以下问题：

（1）这串字符称为什么？

（2）"http"称为什么？

（3）写出主机名部分。

（4）"tongji.edu.cn"称为什么？

（5）写出顶级域名，并说明代表什么。

（6）"index.html"称为什么？

67．请写出接入互联网的主要方式。

68．描述用户通过域名系统访问网站资源的基本流程。

69．Internet 的主要服务有哪些？（至少写五个）

70．名词解释，请说明以下网络术语所代表的中文意思。

（1）DNS　　　（2）URL　　（3）TELNET　　（4）HTTP　　（5）TCP/IP

第八章

网络管理与网络安全

1. 了解网络安全的概念，理解常见网络安全威胁（黑客攻击、网络病毒、软件或硬件方面的漏洞）及对策；

2. 了解网络安全管理的概念；

3. 了解常见的网络故障诊断工具；

4. 掌握网络故障的诊断与排除。

8.1 考点要求及知识梳理

【考点1】 了解网络安全的概念，理解常见网络安全威胁（黑客攻击、网络病毒、软件或硬件方面的漏洞）及对策

【知识梳理】

1. 网络安全的概念

网络安全是指网络系统的硬件、软件及其系统中的数据受到保护，不因偶然的或者恶意的原因而遭受破坏、更改、泄露，系统连续、可靠、正常地运行，网络服务不中断。

网络安全要求提供信息数据的保密性、真实性、认证和数据完整性。其具有四个方面的特征：

（1）保密性：信息不泄露给非授权用户、实体或过程，或供其利用的特性。

（2）完整性：数据未经授权不能进行改变的特性，即信息在存储或传输过程中保持不被修改、不被破坏和不被丢失的特性。

（3）可用性：可被授权实体访问并按需求使用的特性，即当需要时能否存取所需的信息。例如，网络环境下拒绝服务，破坏网络和有关系统的正常运行等，都属于对可用性的攻击。

（4）可控性：对信息的传播及内容具有控制能力。

2. 网络安全的基本内容

网络安全是一个多层次、全方位的系统工程。根据网络安全的应用现状和网络的结构，可以将网络安全划分为物理层安全、系统层安全、网络层安全、应用层安全和管理层安全。

（1）物理层安全。该层的安全包括通信线路的安全、物理设备的安全、机房的安全等，

包括通信线路的可靠性，软硬件设备安全性，设备的备份，防灾害能力，防干扰能力，设备的运行环境，不间断电源保障（UPS）等。

（2）系统层安全。该层的安全来自网络内使用的操作系统的安全，如 Windows Server 2000/2003/2008 等。系统层安全主要表现在以下 3 个方面：

①操作系统安全，包括身份认证、访问控制、系统漏洞等；

②操作系统的安全配置；

③病毒对操作系统的攻击。

（3）网络层安全。该层的安全主要体现在网络方面的安全性，包括网络层身份认证，网络资源的访问控制，数据传输的保密与完整性，远程接入的安全，域名的安全，路由的安全，入侵检测的手段，网络防病毒等。

（4）应用层安全。该层的安全问题主要由提供服务所采用的应用软件和数据的安全性产生，包括 Web 服务、电子邮件系统、DNS 服务、QQ 等产生的安全。

（5）管理层安全。管理层安全包括安全技术和设备的管理，严格的安全管理制度，部门与人员的组织，安全职责划分，人员角色配置等。

3．网络安全威胁

网络安全威胁是指某个人、物或事件对某一资源的机密性、完整性、可用性或合法性所造成的危害。

（1）被动攻击：主要是收集信息而不是进行访问，数据的合法用户对这种活动一点也不会觉察到。主要包括：

①窃听：包括键击记录、网络监听、非法访问数据、获取密码文件。

②欺骗：包括获取口令、恶意代码、网络欺骗。

③拒绝服务：包括导致异常型、资源耗尽型、欺骗型。

④数据驱动攻击：包括缓冲区溢出、格式化字符串攻击、输入验证攻击、同步漏洞攻击、信任漏洞攻击。

（2）主动攻击：包含攻击者访问所需要信息的故意行为。主要包括：

①篡改：攻击者故意篡改网络上传送的报文，包括彻底中断报文，甚至把完全伪造的报文传送给接收方。这种攻击方式有时候也被称为"更改报文流"。

②恶意程序：

Ⅰ．计算机病毒：是一段人为编制的具有破坏性的特殊程序代码或指令。计算机病毒会破坏计算机硬件或毁坏数据，影响计算机的使用。良性的病毒只是恶作剧性质，破坏不大；恶性病毒会使软件系统崩溃，硬件损坏，木马病毒会使计算机用户网上银行账号、交易账号被盗，造成严重的经济损失。因此，《计算机软件保护条例》规定，制造和传播计算机病毒属于违法犯罪行为。

● 计算机中毒的症状表现

计算机中毒后一般具有一定的症状表现，比如运行迟缓、无法启动、反复重启、死机、蓝屏、显示异常（雪花、乱码）、一打开 IE 就弹出很多窗口，以及文件被修改、破坏等。但是也有一些现象，并不一定是中毒产生的，比如重启机器后之前输入的信息全部丢失，这是由内存的特性决定的；光驱无法弹出光盘，可能是由光驱机械故障产生的；键盘、鼠标指示灯不亮，音箱没有声音，可能是硬件接触不好等。

● 计算机病毒的特征

a. 破坏性：这是计算机病毒的主要特征。病毒发作时会占用系统资源，影响正常程序的运行，破坏程序和数据，甚至破坏系统和破坏硬件，造成网络瘫痪等严重后果。如 CIH 病毒发作时会覆盖硬盘中大部分数据，改写主板上 ROM 芯片中的 BIOS 程序，破坏主板，造成严重后果；引导型病毒会破坏硬盘主引导记录，使得计算机无法启动等。

b. 潜伏性：病毒埋伏在正常程序周围或插入合法程序里隐藏起来，等待特定的条件满足之后病毒就会发作。病毒就像定时炸弹一样，平时隐藏得很好，一旦触发条件出现便立即发作，危害计算机系统。计算机感染了病毒不一定会立即发作，平时好端端的计算机，也许里面已危机四伏。

c. 隐蔽性：采用特殊技术，隐藏起来不容易被发现，列目录也无法查看到。

d. 可触发性：即激发性，病毒的发作受一定条件控制，多数以日期或时间作为条件，如 CIH 病毒在每年的 4 月 26 日发作；浏览器中毒，每次一打开网页就出问题；邮件中毒，打开带病毒的邮件就出问题。

e. 传染性：即传播性，病毒会不断自我复制，通过各种存储器和网络进行传播。

f. 表现性：计算机中毒后，具有一定的外在症状表现，如"熊猫烧香"病毒发作后，计算机的文件图标被换成熊猫图片。

此外，病毒还具有非授权可执行性、寄生性、不可预见性等。

● 计算机病毒的传播途径

包括各种存储介质（硬盘、光盘、U 盘、SD 卡以及各种存储卡等）和网络。当前传染计算机病毒最广泛的途径是国际互联网，病毒可能在一夜之间传遍全球。

● 常见的杀毒软件

计算机中毒了，首先要查杀病毒，如果实在太严重，杀不干净再考虑格式化磁盘、重装系统之类的其他办法。杀毒最彻底的方法是格式化磁盘，但会破坏磁盘数据，所以务必慎重！常见的杀毒软件有瑞星、江民 KV、金山毒霸、诺顿（Norton）、360 杀毒、卡巴斯基等。

杀毒软件的主要功能包括预防、检测、清除病毒等。杀毒软件一般具有局限性，一种杀毒软件一般不可能查杀全部病毒。杀毒软件经常滞后于新病毒的出现，因此，杀毒软件要经常升级病毒库至最新版本才有效。

● 计算机病毒防范措施

现在计算机病毒无处不在，我们要加强安全防范意识，要有效避免计算机病毒危害。需要注意以下几点：

a. 安装杀毒软件并定期升级，开启实时监控功能；

b. 要对计算机中重要的数据定期进行备份；

c. 不要轻易打开陌生链接，以防钓鱼类网站；

d. 使用外来磁盘之前要先查杀病毒；

e. 不要随意登录不文明、不健康的网站，不浏览不安全的陌生网站；

f．不轻易下载安装来历不明的程序，不随意打开陌生邮件，或在打开之前先查杀病毒。

Ⅱ．计算机蠕虫：一种通过网络的通信功能将自身从一个结点发送到另一个结点并自动启动运行的程序。

Ⅲ．特洛伊木马：在计算机领域中指的是一种后门程序，是黑客用来盗取其他用户的个人信息，甚至是为了远程控制对方的计算机而制作的程序，然后通过各种手段传播或者骗取目标用户执行该程序，以达到盗取密码等各种数据资料等目的。特洛伊木马不会自动运行，它是暗含在某些用户感兴趣的文档中，用户下载时附带其中。当用户运行文档程序时，特洛伊木马才会运行，信息或文档才会被破坏和丢失。如果一个编译程序除了执行编译任务外，还把用户的源程序偷偷地复制下来，则这种编译程序就是特洛伊木马。计算机病毒有时候也以特洛伊木马的形式出现。

Ⅳ．逻辑炸弹：一种当运行环境满足某种特定条件时执行其他特殊功能的程序。例如一个编译程序，平时运行得很好，但当系统时间为某个特定时间点时，它将删去系统中的所有文件，这种程序就称为逻辑炸弹。

Ⅴ．陷门（后门）：即非授权访问。将某一段特殊代码嵌入系统中，在输入特定条件时，允许安全策略被违反，可以绕过控制信息（如绕开密码、口令）进入信息系统。

Ⅵ．通信劫持：通信数据在通信过程中被第三方非法地删除、替换或者重定向，造成对数据完整性的侵害，称为通信劫持。

③拒绝服务：指攻击者向因特网上某个服务器不停地发送大量分组，使因特网或服务器无法提供正常的服务，或者对其他资源的合法访问被无条件拒绝、推迟等。

（3）黑客：非法侵入他人计算机系统的人。最早源自英文 hacker，早期在美国的计算机界是带有褒义色彩的，他们都是水平高超的计算机专家，尤其是程序设计人员，算是一个统称。在中国，人们经常把"黑客"跟"骇客"搞混，实际区别很大。骇客，是"Cracker"的音译，就是"破解者"的意思，从事恶意破解商业软件、恶意入侵他人网站等事务。

（4）其他威胁：

①自然灾害、意外事故；

②个人行为，信息丢失，如使用不当、安全意识差等；

③内部、外部信息泄密；

④信息战或电子谍报，如信息流量分析、信息窃取等；

⑤网络协议缺陷，如 TCP/IP 协议的安全问题等。

4．网络攻击技术

主要包括以下几个方面：

（1）网络监听：自己不主动去攻击别人，而是在计算机上设置一个程序，用于监听目标计算机与其他计算机通信的数据。

（2）网络扫描：利用程序去扫描目标计算机开放的端口等，目的是发现漏洞，为入侵该计算机做准备。

（3）网络入侵：当探测发现对方存在漏洞后，入侵到目标计算机以获取信息。

（4）网络后门：成功入侵目标计算机后，为了实现对"战利品"的长期控制，在目标计算机中植入木马等后门程序。

（5）网络隐身：入侵完毕退出目标计算机后，将自己入侵的痕迹清除，从而防止被对方管理员发现。

5. 网络安全防御技术

主要包括以下几个方面：

（1）安全操作系统和操作系统的安全配置：操作系统是网络安全防御的关键。

（2）加密技术：为了防止被监听和数据被盗取，将所有的数据进行加密。

（3）防火墙技术：利用防火墙，对传输的数据进行限制，从而防止被入侵。

（4）入侵检测：如果网络安全防线最终被攻破，需要及时发出被入侵的警报。

（5）网络安全协议：保证传输的数据不被截获和监听。

6. 网络安全对策

（1）防火墙技术（Firewall）。如图8-1所示，防火墙是一种加强网络之间访问控制，防止外部网络用户以非法手段通过外部网络侵入内部网络，非法访问内部网络资源，用于保护内部网络操作环境的特殊网络设备，也被称之为控制进/出两个方向通信的门槛。一般来说，防火墙设置于外部网络的入口处，以阻挡外部网络的侵入，确保内部网络与外部网络之间所有的通信均符合用户安全策略。配置防火墙是实现网络安全最基本、最经济、最有效的安全防护措施之一。

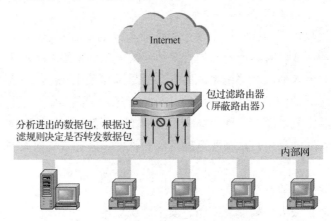

图 8-1　防火墙

①防火墙的作用：起隔离作用；阻挡攻击；防黑客；控制网络访问权限；控制进出网络的信息流向和数据包，屏蔽、过滤垃圾信息；提供使用和流量的日志及审计；隐藏内部 IP 地址及网络结构的细节；提供 VPN 功能。

②设置防火墙的要素：网络策略、服务访问策略、设计策略、增强的认证。

③防火墙类型。

a．包过滤路由器：可以决定对它所收到的每个数据包的取舍，逐一审查每份数据包以及它是否与某个包过滤规则相匹配。过滤规则以 IP 数据包中的信息为基础：IP 源地址、IP 目的地址、封装协议（TCP、UDP、ICMP 等）、TCP/UDP 源端口、TCP/UDP 目的端口、ICMP 报文类型、包输入接口和包输出接口等。如果找到一个匹配规则，且该规则允许该数据包通过，则该数据包根据路由表中的信息向前转发；如果没有找到一个匹配规则，则该数据包将被舍弃。

b．代理服务器（如图 8-2 所示）：安装有特殊用途的特别应用程序，被称为代理服务或代理服务器程序。使用代理服务后，各种服务不再直接通过防火墙转发，对应用数据的转发取决于代理服务器的配置：只支持一个应用程序的特定功能，同时拒绝所有其他功能；支持所有的功能，比如同时支持 WWW、FTP、TELNET、SMTP 和 DNS 等。

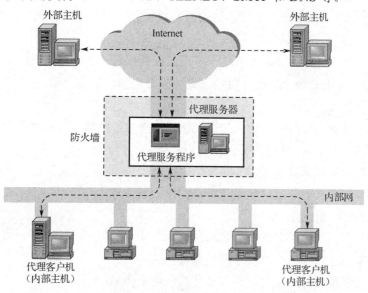

图 8-2　代理服务器

c．堡垒主机（如图 8-3 所示）：是 Internet 上的主机能够连接到的、唯一的内部网络上的系统。它对外而言，屏蔽了内部网络的主机系统，所以任何外部的系统试图访问内部的系统或服务时，都必须连接到堡垒主机上。堡垒主机的硬件平台上运行的是一个比较"安全"的操作系统，以防止操作系统受损，同时也确保了防火墙的完整性。只有必要的服务才安装在堡垒主机内，如 TELNET、DNS、FTP、SMTP 和用户认证等。

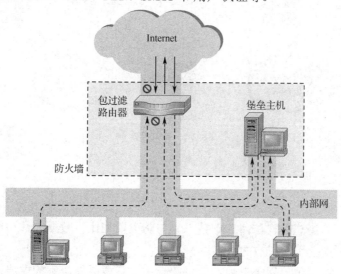

图 8-3　堡垒主机

④防火墙分类。

a．软件防火墙：主要服务于客户端计算机，Windows 操作系统本身就自带防火墙，其他的如金山网镖、瑞星防火墙、360 安全卫士、天网等都是目前比较流行的防火墙软件。

b．硬件防火墙：硬件防火墙有多种，其中路由器可以起到防火墙的作用，代理服务器也同样具备防火墙功能。独立防火墙设备比较昂贵，较著名的独立防火墙生产厂商有华为、思科、D-Link、黑盾等。

c．芯片级防火墙：芯片级防火墙基于专门的硬件平台，没有操作系统。专有的 ASIC 芯片促使它们比其他种类的防火墙速度更快，处理能力更强，性能更高。

⑤防火墙的优点。

a．允许网络管理员在网络中定义一个控制点，将内部网络与外部网络隔开；

b．审查和记录 Internet 使用情况的最佳点；

c．设置网络地址翻译器（NAT）的最佳位置；

d．作为向客户或其他外部伙伴发送信息的中心联系点。

⑥防火墙的局限性。

a．不能防范不经过防火墙产生的攻击；

b．不能防范由于内部用户不注意所造成的威胁；

c．不能防止受到病毒感染的软件或文件在网络上传输；

d．很难防止数据驱动式攻击。

⑦企业内部网（Intranet）：来源于 intra 和 network 两个单词，也称内联网，是指采用 Internet 技术建立的企业内部专用网络。它有效地避免了 Internet 所固有的可靠性差、无整体设计、网络结构不清晰以及缺乏统一管理和维护等缺点，使企业内部的秘密或敏感信息受到网络防火墙的安全保护，被形象地称为"建在企业防火墙里面的 Internet"。

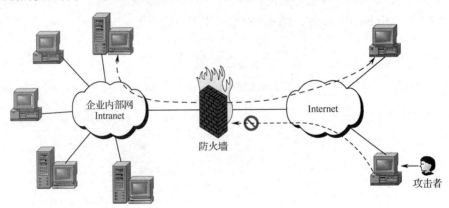

图 8-4　Intranet

（2）数据加密与用户授权访问控制技术。与防火墙相比，数据加密与用户授权访问控制技术比较灵活，更加适用于开放的网络。

用户授权访问控制主要用于对静态信息的保护，需要系统级别的支持，一般在操作系统中实现，例如 Windows XP 的账户有计算机管理员、受限账户和来宾账户三种权限类型。

数据加密技术主要用于对动态信息的保护。对动态数据的攻击分为主动攻击和被动攻击。对于主动攻击，虽无法避免，但却可以有效地检测；对于被动攻击，虽无法检测，但却可以避免。通过数据加密技术，不但可以防止非授权用户的搭线窃听和入网，而且还能有效应对恶意软件的攻击。

（3）入侵检测技术。入侵检测系统（Intrusion Detection System，IDS）是一种对网络传输进行即时监视，在发现可疑传输时发出警报或者采取主动反应措施的网络设备。IDS 被认为是防火墙之后的第二道安全闸门，是一种积极主动的安全防护技术。打一个形象的比喻：假如防火墙是一栋大楼的门卫，那么 IDS 就是这种大楼里的监视系统，一旦有人爬窗进入大楼，或者内部人员有越界行为，只有实时监视系统才能发现情况并及时发出警报。

（4）防病毒技术。在病毒防范中普遍使用的防病毒软件，从功能上可以分为网络防病毒软件和单机防病毒软件两大类。单机防病毒软件一般安装在单台个人计算机上，即对本地和本地工作中连接的远程资源采用分析式扫描的方式检测、清除病毒。网络防病毒软件则主要注重网络防病毒，一旦病毒入侵网络或者从网络向其他资源传染，网络防病毒软件就会立刻检测到并加以清除。

（5）构建安全管理机制。在网络系统中，根本不存在"绝对安全"这一理念，建立健全的安全管理机制是确保网络系统安全运作的前提。唯有网络管理人员与用户积极努力，尽量减少不安全因素，在此基础上，不断加大网络安全管理力度，不断提升安全技术水平，提高管理人员与使用人员的安全防范意识，才能更好地保护和促进计算机网络系统的安全运作和发展。

要注意以下防黑客的措施：

①不要随意打开来历不明的电子邮件及文件，不要随便运行不太了解的人发给你的程序，比如"特洛伊"类黑客程序。

②尽量避免从 Internet 下载不知名的软件、游戏程序，即使从知名网站下载的软件，也要及时用最新的病毒和木马查杀软件对软件和系统进行扫描。

③密码设置尽可能使用字母、数字混排，单纯的英文或数字非常容易破解。将常用的密码设置成不同，防止被人查出一个而连带到其他重要密码。重要密码最好经常更换。

④及时下载和安装系统补丁程序。

⑤不随便运行黑客程序，不少这类程序运行时会窃取你的个人信息。

⑥在支持 HTML 的 BBS 上，如发现提交警告，要先看原始代码，非常可能是骗取密码的陷阱。

⑦将防病毒、防黑客当成日常例行工作，定时更新防病毒组件，将防病毒软件保持在常驻状态，以实时防病毒。

⑧由于黑客经常会针对特定的日期发动攻击，计算机用户在此期间应特别提高警惕。

⑨对于重要的个人资料要做好严密的保护，并养成资料备份的习惯。

⑩设置代理服务器，隐藏自己的 IP 地址。代理服务器能起到外部网络申请访问内部网络的中间转接作用，其功能类似于一个数据转发器，主要控制哪些用户能访问哪些服务类型。当外部网络向内部网络申请某种网络服务时，代理服务器接收申请，然后根据其服务类型、服务内容、被服务的对象、服务申请的时间、申请者的域名范围等来决定是否接受此项服务，

如果接受，就向内部网络转发这项请求。

【考点2】 了解网络安全管理的概念

【知识梳理】

1. 网络管理（Network Management）

网络管理是规划、监督、组织和控制计算机网络通信服务，以及信息处理所必需的各种活动的总称，主要包括网络服务提供、网络维护、网络处理三个方面。

2. 网络管理目标

确保计算机网络的持续正常运行，使其能够有效、可靠、安全、经济地提供服务，并在计算机网络系统运行出现异常时能及时响应并排除故障。

广义：包括技术、制度、政策、法规、措施等方面。

狭义：从技术角度出发，了解网络系统的运行状态并加以监控、优化。

3. 网络管理系统

（1）管理对象：网络元素，具体包括交换机、网关、路由器等设备。

（2）管理进程：负责对网络设备进行全面的管理与控制的软件。

（3）管理协议：负责在管理系统与被管理对象之间传递操作命令，解释管理操作命令。

4. 网络管理协议

（1）SNMP：简单网络管理协议（Simple Network Management Protocol）。由三个关键元素组成：被管理的设备（网元）、代理（Agent）、管理信息库（Management Information Base，MIB）。

（2）RMON：远程监控（Remote Monitoring），是关于通信量管理的标准化规定，目的是测定、收集网络的性能，为网络管理提供复杂的网络错误诊断和性能调整信息。

5. 网络安全表现

（1）网络的物理安全。网络的物理安全是整个网络系统安全的前提，包括环境、设备、天灾等。物理安全措施包括防火、防静电、防雷击、防辐射、防电磁泄漏等。

（2）逻辑安全。

①网络连接安全：与 Internet 连接面临的威胁，网络拓扑结构及网络路由状况等的安全，如内、外网的隔离，数据包过滤等。

②网络系统安全：指整个网络操作系统和网络硬件平台是否可靠且值得信任，选择尽可能可靠的操作系统和硬件平台，加强登录认证、操作权限等管理。

③应用系统安全：尽可能建立安全的系统平台，通过专业的安全工具不断发现漏洞，修补漏洞，提高系统的安全性。采用多层次的访问控制与权限控制手段，实现对数据的安全保护；采用加密技术，保证网上传输的信息（包括管理员口令与账户、上传信息等）的机密性与完整性。

④网络管理的安全：建立全新网络安全机制，避免网络出现被攻击行为，或网络受到其他一些安全威胁时（如内部人员的违规操作等）无法进行实时的检测、监控、报告与预警。

⑤人为因素：黑客攻击、恶意代码。

逻辑安全的措施：身份认证、数字签名、数据加密、设置访问权限等。

6．网络安全目的

（1）"进不来"：使用访问机制，阻止非授权用户进入网络。

（2）"拿不走"：使用授权机制，实现对用户的权限控制。

（3）"看不懂"：使用加密机制，确保信息不暴露给未授权的实体进程。

（4）"改不了"：使用数据完整性鉴别机制，保证许可用户方能修改数据。

（5）"跑不了"：使用审计、监控和防抵赖安全机制，体现对攻击者有据可审查性。

7．网络安全措施

网络安全措施主要包括保护网络安全、保护应用服务安全和保护系统安全三个方面，这三个方面都要结合考虑安全防护的物理安全、防火墙、信息安全、Web 安全、媒体安全等。

（1）物理层：防止搭线偷听等。

（2）数据链路层：采用通信保密进行加密和解密。

（3）网络层：使用防火墙技术处理信息在内、外网络间的流动。

（4）传输层：进行端到端的加密。

（5）应用层：对用户进行身份验证，建立安全的通信信道，涉及认证、访问控制、机密性、数据完整性、不可否认性、Web 安全性、EDI 和网络支付等应用的安全性。维护网络安全的工具由 VIEID（电子标识）、数字证书、数字签名和基于本地或云端的杀毒软件等构成。

保护网络安全的具体措施如下：

①全面规划网络平台的安全策略，制定网络安全的管理措施。

②注意对网络设备的物理保护，检验网络平台系统的脆弱性。

③使用防火墙，建立可靠的识别和鉴别机制。

④尽可能记录网络上的一切活动，建立详细的安全审计日志，以便监测并跟踪入侵攻击等。

⑤对于可疑的恶意程序要定时清除和查杀。

⑥在安装的软件中，如浏览器软件、电子钱包软件、支付网关软件等，检查和确认未知的安全漏洞。

⑦技术与管理相结合，使系统具有最小穿透风险性，如通过诸多认证才允许连通，对所有接入数据必须进行审计，对系统用户进行严格的安全管理等。

8．网络安全体系

访问控制：通过对特定网段、服务建立的访问控制体系，将绝大多数攻击阻止在到达攻击目标之前。

检查安全漏洞：通过对安全漏洞的周期性检查，即使攻击可到达攻击目标，也可使绝大多数攻击无效。

攻击监控：通过对特定网段、服务建立的攻击监控体系，可实时检测出绝大多数攻击，并采取相应的行动（如断开网络连接、记录攻击过程、跟踪攻击源等）。

加密通信：主动的加密通信，可使攻击者无法了解、修改敏感信息。

认证：良好的认证体系，可防止攻击者假冒合法用户。

备份和恢复：良好的备份和恢复机制，可在攻击造成损失时尽快地恢复数据和系统服务。

多层防御：攻击者在突破第一道防线后，延缓或阻断其到达攻击目标。

隐藏内部信息：使攻击者无法了解系统内的基本情况。

设立安全监控中心：为信息系统提供安全体系管理、监控、保护及紧急情况服务。

9. 网络安全与管理相关的法律法规

- 《中华人民共和国计算机信息系统安全保护条例》。
- 《中华人民共和国网络安全法》等。

【考点 3】 了解常见的网络故障诊断工具

1. 网络故障诊断工具——硬件工具和软件工具（如表 8-1 所示）

表 8-1 网络故障诊断工具

TCP/IP 体系结构	OSI 参考模型	网络故障组件	故障诊断工具	测试重点
应用层	应用层	应用程序、操作系统	浏览器、各类网络软件、网络性能测试软件、nslookup 命令	网络性能、计算机系统
	会话层			
传输层	传输层	各类网络服务器	网络协议分析软件、网络协议分析硬件、网络流量监控工具	服务器端口设置、网络攻击与病毒
网络层	网络层	路由器、计算机网络配置	路由及协议设置、计算机的本地连接、ping 命令、route 命令、tracert 命令、pathping 命令、netstat 命令	计算机 IP 设置、路由器设置
网络接入层	数据链路层	交换机、网卡	设备指示灯、网络测试仪、交换机配置命令、arp 命令	网卡及交换机硬件、交换机设备、网络环路、广播风暴
	物理层	双绞线、光纤、无线传输、电源	电缆测试仪、光纤测试仪、电源指示灯	双绞线、光纤接口及传输特性

2. 网络测试硬件工具

包括线缆测试仪、数字电压表、网络测试仪、协议分析仪等。

（1）线缆测试仪：用于对线缆的接线错误、开路短路、绝缘性能及耐电压性能进行综合测试，是常用的测试线缆是否导通的工具。

（2）数字电压表：用于测量网络中的电压、电流是否正常。

（3）网络测试仪：用于测试各种线缆的电气指标，如串扰、衰减、长度、延迟等参数，并且能提供测试报告，更好地解决网络线缆的一些问题。

（4）协议分析仪：一种监视数据通信系统中的数据流，检验数据交换是否正确地按照协议的规定进行的专用测试工具，用于捕捉、分析网络的流量，找出网络中潜在的问题等。

3. 网络测试命令

包括 ping、ipconfig、netstat、nbtstat、tracert、pathping、arp、nslookup 等。

（1）ping：主要用于确定网络的连通性，对于确定网络是否正确连接和网络连接状况很有用，一般默认发送 4 个 ping 包。命令使用后，若有显示"来自……的回复：字节=……时间≤……TTL=……"则表示网络是通的。

①测试本机网卡是否安装好：ping 127.0.0.1

②测试某个以 IP 表示的目标主机是否可以连通：ping -l 128 192.168.1.251（注：发送缓

冲区的大小是 128 字节）

③测试某个以域名表示的目标主机是否可以连通：ping www.baidu.com

④ping 网关 IP：如果应答正确，表示局域网中的网关路由器正在运行并能够做出应答。

（2）ipconfig：测试 TCP/IP 数据是否正确，显示主机的 TCP/IP 协议中的基本信息，包括 IP 地址、MAC 地址、子网掩码数据、默认网关数据等，进而对计算机网络通信故障进行诊断。

①查看本机的 IP 地址、子网掩码、默认网关、DNS 地址等情况：ipconfig

②查看本机的 MAC 地址等：ipconfig /all

（3）netstat 和 nbtstat：网络协议统计工具，显示活动的 TCP 连接、计算机侦听的端口、以太网统计信息、IP 路由表、IPv4 统计信息（对于 IP、ICMP、TCP 和 UDP 协议）以及 IPv6 统计信息（对于 IPv6、ICMPv6、通过 IPv6 的 TCP 以及 UDP 协议）。

①显示所有连接和侦听端口：netstat -a

②显示指定的协议（如 TCP）的连接：netstat -p tcp

③显示 NetBIOS 本地名称表：nbtstat -n

（4）tracert 和 pathping：跟踪工具。

tracert 命令用于显示数据包到达目标主机所经过的路径。

pathping 命令是一个路由跟踪工具。

①显示数据包到达目标主机经过的路径：tracert www.baidu.com

②显示目标主机经过的路由：pathping www.baidu.com

（5）arp：用于确定对应 IP 地址的网卡物理地址，能够查看本地计算机或另一台计算机的 ARP 高速缓存中的当前内容。

①显示高速缓存中的所有 ARP 表信息：arp -a

②显示对应 IP 接口的相关 ARP 缓存信息：arp -a ip

（6）nslookup：查询任何一台机器的 IP 地址及其对应的域名，通常需要一台域名服务器来提供域名。

4．网络诊断工具

（1）360 系统诊断工具。

（2）Windows 网络诊断工具：WinMTR、Windows IE（Windows 7）等。

（3）无线网络诊断工具：

①CommView for WiFi。

②无线信号扫描工具 inSSIDer。

③无线向导 Wireless Wizard。

④无线密钥生成器 Wireless Key Generator。

⑤无线热点 WeFi。

5．网络仿真和仿真工具

网络仿真也称为网络模拟，是在不建立实际网络的情况下使用数学模型分析网络行为的过程，从而获取特定的网络特性参数。目前主流的网络仿真软件有 OPNET、NS2、NS3、MATLAB、CASSAP、SPW 等，这为网络研究人员提供了很好的网络仿真平台。

【考点4】 掌握网络故障的诊断与排除

【知识梳理】

1．常见的网络故障及分析

【故障现象1】 计算机不能上网。

【故障分析】 网络设置的问题，重点检查本机 IP、子网掩码、网关、DNS 服务器等的网络设置；DNS 服务器的问题，DNS 服务器出现故障，可重新设置 DNS 服务器地址，可尝试使用 IP 地址测试是否可以上网；浏览器自身问题；防火墙设置问题；其他问题。

【故障现象2】 机房局域网通过 HUB 或交换机连接成星形网络结构，其他客户机在"网上邻居"上都能互相看见，而某一台计算机谁也看不见它，它也看不见别的计算机。

【故障分析】 检查这台计算机系统工作是否正常；检查这台计算机的网络配置；检查这台计算机的网卡是否正常工作；检查这台计算机上的网卡设置与其他资源是否有冲突；检查网线是否断开；检查网线接头接触是否正常。

【故障现象3】 机房局域网通过 HUB 或交换机连接成星形网络结构，所有的计算机在"网上邻居"上都无法互相看见。

【故障分析】 检查 HUB 或交换机工作是否正常。

【故障现象4】 机房局域网中除了代理服务器能上网，其他客户机都不能上网。

【故障分析】 检查 HUB 或交换机工作是否正常；检查服务器与 HUB 或交换机连接的网络部分（网卡、网线、接头、网络配置等）工作是否正常；检查服务器上代理上网的软件是否正常启动运行；检查 TCP 设置是否正常，尤其是网关是否设置正常。

【故障现象5】 局域网上可以 ping 通 IP 地址，但 ping 不通域名。

【故障分析】 TCP/IP 协议中的"DNS 设置"不正确，请检查其中的配置。对于对等网，"主机"应该填自己机器本身的名字，"域"无须填写，DNS 服务器应该填自己的 IP。对于服务器/工作站网，"主机"应该填服务器的名字，"域"应该填局域网服务器设置的域，DNS 服务器应该填服务器的 IP。

【故障现象6】 计算机能正常上网，但总是时断时续。

【故障分析】 线路问题，线路质量差；调制解调器的工作不正常，影响上网的稳定性。

【故障现象7】 计算机可以用 QQ 玩游戏，但是不能打开网页。

【故障分析】 这种情况是 DNS 解析的问题，建议在路由器和计算机网卡上手动设置 DNS 服务器地址（ISP 提供的地址）。在"DHCP 服务"设置项，手动设置 DNS 服务器地址，该地址需要从 ISP 供应商那里获取。

【故障现象8】 某公司局域网使用交换机实现连接，原来一直工作正常。某天早上上班后，发现网络不通，计算机无法连接 Internet，也无法看到局域网中的其他计算机。检查发现，交换机面板上的 POWER 指示灯不亮，风扇也不转。

【故障分析】 这种故障通常是由于外部供电环境的不稳定，或者是电源线路老化，或者是由于遭受雷击等而导致电源损坏或者风扇停止工作，从而导致交换机不能正常工作。还有可能是由于电源缘故而导致交换机内的其他部件损坏。

首先检查电源系统，查看供电插座有无电流，电压是否正常。如果供电正常的话，则检查电源线是否有损坏、有无松动等，若电源线损坏就更换一条，松动了就重新插好。如果问题还没有解决，就应该是交换机电源或机内其他部件损坏。

【故障现象9】　无法在网络上共享文件和打印机。

【故障分析】　启用 Guest 账户，右键单击"我的电脑"，在弹出的快捷菜单中选择"管理"命令，在打开的"计算机管理"窗口选择"本地用户和组"→"用户"，右键单击"Guest"，在弹出的快捷菜单中选择"属性"命令，在打开的"Guest 属性"窗口清除对"账户已禁用"的选择；检查是否安装了文件和打印机共享服务组件；确认是否启用了文件或打印机共享服务（在网络属性对话框的"配置"选项卡中设置）；确认访问服务是共享级服务。

2．网络故障诊断与排除方法

（1）故障诊断步骤：

①重现故障；

②分析故障现象；

③定位故障范围；

④隔离故障。

（2）网络故障排除方法：

①检查网卡及其驱动程序是否安装正常；

②检查网线连接、网线与交换机接触是否良好；

③检查软件配置，如网卡属性设置等；

④检查用户权限设置等。

3．网络故障分类

（1）硬件故障和软件故障；

（2）物理故障和逻辑故障。

8.2　单元过关测验

一、单项选择题

1．下列网络攻击中，不属于主动攻击的是（　　）。

A．特洛伊木马　　　　B．拒绝服务攻击　　　C．通信量分析攻击　　D．篡改攻击

2．计算机安全不包括（　　）。

A．实体安全　　　　　B．操作安全　　　　　C．系统安全　　　　　D．信息安全

3．某人设计了一个程序，侵入别人的计算机并窃取了大量的机密数据，该案例中信息安全威胁来自（　　）。

A．计算机病毒　　　　B．系统漏洞　　　　　C．操作失误　　　　　D．黑客攻击

4．以下关于计算机病毒的说法中，正确的是（　　）。

A．用杀毒软件杀毒后的计算机内存中肯定没有病毒

B．没有病毒活动的计算机不必杀毒

C．最新的杀毒软件，也不一定能清除计算机内的病毒

D．良性病毒对计算机没有损害

5．目前使用的防杀病毒软件的作用是（　　　）。

A．检查计算机是否感染病毒，并消除已感染的任何病毒

B．杜绝计算机病毒对计算机的侵害

C．检查计算机是否感染病毒，并清除部分已感染的病毒

D．查出已感染的任何病毒，清除部分已感染的病毒

6．下列不属于保护网络安全的措施的是（　　　）。

A．加密技术　　　　　B．防火墙　　　　　C．设定用户权限　　　　D．清除临时文件

7．木马与病毒的最大区别是（　　　）。

A．木马不破坏文件，而病毒会破坏文件

B．木马无法自我复制，而病毒能够自我复制

C．木马无法使数据丢失，而病毒会使数据丢失

D．木马不具有潜伏性，而病毒具有潜伏性

8．当你感觉到 Windows 运行速度明显减慢，打开任务管理器后发现 CPU 的使用率达到了 100%，你最有可能受到了哪一种攻击？（　　　）

A．特洛伊木马　　　　B．拒绝服务　　　　C．欺骗　　　　　　D．中间人攻击

9．对"防火墙本身是免疫的"这句话的正确理解是（　　　）。

A．防火墙本身是不会死机的　　　　　　　B．防火墙本身具有抗攻击能力

C．防火墙本身具有对计算机病毒的免疫力　D．防火墙本身具有清除计算机病毒的能力

10．在保证网络安全的措施中，最根本的网络安全策略是（　　　）。

A．威严的法律　　　　B．先进的技术　　　C．严格的管理　　　D.可靠的供电系统

11．下列网络安全措施中不正确的是（　　　）。

A．关闭某些不使用的端口　　　　　　　　B．经常更换管理员账户密码

C．安装系统补丁程序　　　　　　　　　　D．关闭 Windows 防火墙功能

12．Windows Server 2008 的域用户验证在 OSI 参考模型的哪一层提供安全保护？（　　　）

A．应用层　　　　　　B．表示层　　　　　C．会话层　　　　　D．传输层

13．在网络管理功能中，用于保证各种业务的服务质量，提高网络资源的利用率的是（　　　）。

A．配置管理　　　　　B．故障管理　　　　C．性能管理　　　　D．安全管理

14．TCP/IP 网络中应用最为广泛的网络管理协议是（　　　）。

A．RIP　　　　　　　B．SNMP　　　　　C．SMTP　　　　　D．ICMP

15．下列行为中不会危害网络安全的是（　　　）。

A．推送非法网站　　　B．黑客非法攻击　　C．传播计算机病毒　D．微博互动

16．计算机感染病毒导致文件被自动删除，这主要体现了计算机病毒的（　　　）。

A．激发性　　　　　　B．破坏性　　　　　C．传染性　　　　　D．潜伏性

17．以下关于网络管理功能的描述中，错误的是（　　　）。

A．配置管理用于监测和控制网络的配置状态

B．故障管理用于发现和排除网络故障

C．安全管理用于保护各种网络资源的安全

D．计费管理用于降低网络的延迟时间，提高网络的速度

18．以下哪个工具能够准确地测定电缆故障的位置？（　　　）

A．电缆测试仪　　　　　　　　　　　　B．网络万用表

C．网络监视程序　　　　　　　　　　　D．数字式电缆分析仪

19．信息过滤器和数据包的抓取与哪个工具相关联？（　　　）

A．万用表　　　　　B．电缆测试仪　　　　C．网络监控程序　　　D．网络协议分析仪

20．当浏览一些站点时出现的全是乱码，可能的原因是（　　　）。

A．该站点有故障　　　B．该站点加密了　　　C．浏览器故障　　　D．编码问题

21．如果不能重现故障，则问题的原因是（　　　）。

A．用户错误　　　　　B．网络故障　　　　　C．软件配置错误　　　D．硬件故障

22．某用户打开 Word 文档进行编辑时，总是发现计算机自动把该文档传送到另一台 FTP 服务器上，这可能是因为 Word 程序已被黑客植入（　　　）。

A．流氓软件　　　　　B．特洛伊木马　　　　C．陷门　　　　　　　D．FTP 匿名服务

23．如果故障只影响一台工作站，应该检查网络的（　　　）。

A．路由器设置　　　　　　　　　　　　B．工作站的网卡和网线

C．交换机和主干网　　　　　　　　　　D．服务器

24．如果一台工作站用某一个ID登录有问题而其他ID可以登录，则问题的原因是（　　　）。

A．工作站的设置不当　　　　　　　　　B．路由器故障

C．服务器的用户权限设置不当　　　　　D．网卡故障

25．如果知道目的 IP 地址，想查询目标设备的 MAC 地址，（　　　）协议可以实现。

A．RIP　　　　　　　B．ARP　　　　　　　C．RARP　　　　　　D．ICMP

26．ping 命令中，将 IP 地址格式表示的主机的网络地址解析为计算机名的参数是（　　　）。

A．-n　　　　　　　　B．-t　　　　　　　　C．-a　　　　　　　　D．-l

27．以下不会导致计算机感染病毒的行为是（　　　）。

A．从网络上下载程序　　　　　　　　　B．接收陌生邮件

C．从键盘上输入文字　　　　　　　　　D．运行从网络上下载的程序

28．计算机病毒的危害表现在（　　　）。

A．损伤计算机的硬盘　　　　　　　　　B．使计算机内存芯片损坏

C．伤害计算机用户的身体健康　　　　　D．影响程序的执行，破坏用户数据和程序

29．以下预防计算机病毒的措施中不恰当的是（　　　）。

A．定期备份重要数据

B．安装并及时升级防病毒软件

C．使用外来磁盘之前先查杀病毒

D．不要把带病毒的计算机与正常计算机放置在一起

30．下列全属于常用杀毒软件的一组是（　　　）。

A．金山毒霸、诺顿、网络蚂蚁　　　　　B．瑞星、360 杀毒、卡巴斯基

C．快车、金山词霸、360 杀毒　　　　　D．江民 KV、超级旋风、暴风影音

31．实现信息安全最基本、最核心的技术是（　　　）。

A．身份认证技术　　　B．密码技术　　　　C．访问控制技术　　　D．防病毒技术

32．下列情况中，破坏了数据的保密性的攻击是（　　　）。

A．假冒他人地址发送数据　　　　　　　B．不承认做过信息的递交行为

C．数据在传输中途被篡改　　　　　　　D．数据在传输中途被窃听

33．保护计算机网络免受外部的攻击所采用的常用技术称为（　　　）。

A．网络的容错技术　　　　　　　　　　B．网络的防火墙技术

C．病毒的防治技术　　　　　　　　　　D．网络信息加密技术

34．信息不被偶然或蓄意地删除、修改、伪造、乱序、重放、插入等破坏的属性指的是（　　　）。

A．保密性　　　　　B．完整性　　　　　C．可用性　　　　　D．可靠性

35．下列选项中，不属于计算机网络系统主要安全威胁的是（　　　）。

A．硬件故障　　　　B．黑客攻击　　　　C．计算机病毒　　　D．拒绝服务

36．在以下人为的恶意攻击行为中，属于主动攻击的是（　　　）。

A．身份假冒　　　　B．数据窃听　　　　C．数据流分析　　　D．非法访问

37．以下网络安全技术中，不能用于防止发送或接收信息的用户出现"抵赖"的是（　　　）。

A．数字签名　　　　B．防火墙　　　　　C．第三方确认　　　D．身份认证

38．属于被动攻击的恶意网络行为是（　　　）。

A．网络监听　　　　B．端口扫描　　　　C．缓冲区溢出　　　D．木马程序

39．向有限的存储空间输入超长的字符串的攻击手段属于（　　　）。

A．漏洞攻击　　　　B．缓冲区溢出　　　C．篡改数据　　　　D．非法访问

40．2000年2月7日至9日，美国几个著名网站遭黑客攻击，使这些网站的服务器一直处于"忙"状态，因而无法向发出请求的客户提供服务，这种攻击属于（　　　）。

A．特洛伊木马　　　B．通信劫持　　　　C．拒绝服务　　　　D．计算机蠕虫

二、多项选择题

41．网络安全技术根据信息系统自身的层次化特点，也被划分为不同的层次，这些层次包括（　　　）。

A．物理层安全　　　B．应用层安全　　　C．网络层安全　　　D．系统层安全

E．对等层安全

42．以下属于信息安全措施的有（　　　）。

A．维护环境干净　　B．入侵检测　　　　C．防静电　　　　　D．数字签名

E．防雷击

43．以下关于计算机病毒的说法中不正确的有（　　　）。

A．计算机病毒是一种存在逻辑错误的程序　B．计算机病毒会自我复制，有繁殖能力

C．装一种杀毒软件可以查杀所有类型的病毒　D．不连接互联网就不会感染计算机病毒

E．消除计算机病毒最彻底的办法是格式化磁盘

44．攻击技术主要包括（　　　）。

A．网络监听　　　　B．网络扫描　　　　C．网络入侵　　　　D．网络后门

E．网络隐身

45．防火墙的作用是（　　　）。

A．网络安全屏障　　　　　　　　B．防止内部信息的外泄

C．对网络存取、访问进行监控　　D．提高网络的吞吐量

E．强化网络安全策略

三、判断题（正确的在括号内打√，错误的打×）

46．感染过计算机病毒的计算机具有对该病毒的免疫性。（　　　）

47．网络和磁盘是传播计算机病毒最主要的途径。（　　　）

48．保证计算机系统的安全性是系统管理员的工作，与普通用户没有太大的关系。（　　　）

49．网络管理就是指网络的安全检测和控制。（　　　）

50．密钥技术是只能用于数据加密、解密的信息安全技术，对于身份识别无能为力。（　　　）

51．防火墙不仅可以阻断攻击，还能消灭攻击源。（　　　）

52．防火墙的组成可以表示成过滤器和安全策略。（　　　）

53．感染计算机病毒的计算机运行变缓、蓝屏、显示乱码，说明病毒具有破坏性。（　　　）

54．防火墙必须安装在内网，才能很好地保护内网不受攻击。（　　　）

55．SSL 协议主要用于加密机制。（　　　）

四、填空题

56．常用的防火墙可以分为硬件防火墙和＿＿＿＿＿＿＿。

57．通常很难发现计算机病毒的存在，是因为计算机病毒具有＿＿＿＿＿＿＿性。

58．为了防止用户被冒名所欺骗，就要对信息源进行身份＿＿＿＿＿＿＿。

59．黑客利用 IP 地址进行攻击的方法属于＿＿＿＿＿＿＿。

60．网络安全机密性的主要防范措施是＿＿＿＿＿＿＿技术。

61．在设置密码时，长度越长、使用的字符种类越多，密码强度越＿＿＿＿＿＿＿。

62．＿＿＿＿＿＿技术能使数字信息的接收方准确地验证发送方的身份，保护信息的抗否认性。

63．每当我们在网上交易、转账的资金额较大时，都需要输入手机短信验证码，其主要目的是＿＿＿＿＿＿＿。

64．计算机系统安全技术主要包括数据信息安全技术、软件系统安全技术和＿＿＿＿＿＿＿安全技术。

65．网络安全的基本因素包括完整性、可用性、可控性、＿＿＿＿＿＿＿。

五、简答题

66．根据计算机病毒的有关知识，回答以下问题：

（1）什么是计算机病毒？

（2）计算机病毒有什么特点？

（3）写出防病毒的常见措施。

67．分别写出常见的有关信息系统的物理安全措施和逻辑安全措施。

68．网络安全面临的风险主要有哪些？

69．网络安全的含义是什么？

70．李师傅帮某学校建设机房网络（使用交换机，星形结构），网络系统安装完毕后，发现所有的终端都无法连接服务器。请分析故障原因。

第二部分

2019 年真题及
综合模拟测验

计算机网络技术　试卷 I

第一部分　选择题

一、单项选择题（本大题共 45 小题，每小题 2 分，共 90 分）

1. 计算机网络的主要功能是（　　）。

A．数据计算和文件传输　　　　　　　　B．数据传输和文件打印

C．数据通信和资源共享　　　　　　　　D．资源管理和数学计算

2. 下列不属于通信子网设备的是（　　）。

A．集线器　　　　B．交换机　　　　C．路由器　　　　D．打印机

3. 学校计算机网络属于（　　）。

A．局域网　　　　B．远程网　　　　C．城域网　　　　D．因特网

4. 下列采用 RJ-45 接头作为连接器件的传输介质是（　　）。

A．闭路线　　　　B．电话线　　　　C．双绞线　　　　D．音频线

5. 为网络数据交换而制定的规则、约定和标准统称为（　　）。

A．网络合同　　　　B．网络协议　　　　C．网络租约　　　　D．网络条例

6. Internet 起源于（　　）。

A．ARPANET　　　　B．CERNET　　　　C．CSTNET　　　　D．ChinaNET

7. 网络传输速率单位 bps 的含义是（　　）。

A．每秒传输的字节数　　　　　　　　B．每分传输的字节数

C．每秒传输的二进制位数　　　　　　D．每分传输的二进制位数

8. IP 协议是（　　）。

A．网际协议　　　　B．邮件协议　　　　C．传输控制协议　　　D．文件传输协议

9. TCP 协议提供的是（　　）。

A．无连接的服务　　　　　　　　　　B．无应答的服务

C．不可靠的服务　　　　　　　　　　D．面向连接的服务

10. 在 ISO/OSI 参考模型中，负责路由选择、拥塞控制的是（　　）。

A．物理层　　　　B．会话层　　　　C．网络层　　　　D．应用层

11. 下列可以作为主机 IP 地址的是（　　）。

A. 127.0.0.1   B. 192.168.12.5   C. 202.192.273.21   D. 210.112.192.0

12. 城域网的英文缩写是（   ）。

A. MAN   B. LAN   C. WAN   D. WLAN

13. 网络术语"带宽"指的是（   ）。

A. 计算速度   B. 网络规模   C. 数据传输速率   D. 数据传输宽度

14. B 类 IP 地址的默认子网掩码是（   ）。

A. 255.255.255.255   B. 255.255.255.0   C. 255.255.0.0   D. 255.0.0.0

15. POP3 的作用是（   ）。

A. 创建邮件   B. 加密邮件   C. 发送邮件   D. 接收邮件

16. 下列可以表示双绞线类别的是（   ）。

A. 宽带和窄带   B. 模拟和数字   C. 基带和频带   D. 屏蔽和非屏蔽

17. 计算机网络互联时，二层交换机是工作在 ISO/OSI 参考模型中的（   ）。

A. 表示层   B. 网络层   C. 会话层   D. 数据链路层

18. 双绞线制作 EIA/TIA 568B 的标准线序是（   ）。

A. 白绿、绿、白橙、蓝、白蓝、橙、白棕、棕

B. 白橙、橙、白绿、蓝、白蓝、绿、白棕、棕

C. 橙、白橙、绿、白蓝、蓝、白绿、白棕、棕

D. 绿、白绿、橙、白蓝、蓝、白橙、白棕、棕

19. WWW 服务使用的协议是（   ）。

A. FTP   B. HTTP   C. SMTP   D. RARP

20. 下列不属于网络操作系统的是（   ）。

A. Linux   B. UNIX

C. Windows XP   D. Windows Server 2008

21. 电话系统采用的交换技术是（   ）。

A. 电路交换   B. 分组交换   C. 报文交换   D. 信息交换

22. 下列对网络操作系统特点的描述中正确的是（   ）。

A. 单用户，单任务   B. 单用户，多任务

C. 多用户，单任务   D. 多用户，多任务

23. 下列传输介质中抗干扰能力最强，安全性和保密性最好的是（   ）。

A. 光纤   B. 电话线   C. 无线电波   D. 同轴电缆

24. 下列能用来测试网络是否连通的命令是（   ）。

A. ping   B. router   C. enable   D. cmd

25. 要查看某个网站的信息，需要在计算机上使用的软件是（   ）。

A. 记事本   B. 浏览器   C. 计算器   D. 写字板

26. 计算机网络按照覆盖范围来分类，可以分为（   ）。

A. 局域网、以太网、城域网   B. 局域网、城域网、广域网

C. 局域网、广域网、令牌环网   D. 局域网、以太网、令牌环网

27．下列表示政府机构域名的是（　　　）。

A．.net　　　　　　B．.com　　　　　　C．.mil　　　　　　D．.gov

28．下列属于 A 类 IP 地址的是（　　　）。

A．225.34.22.1　　B．193.23.22.4　　C．145.23.34.23　　D．10.10.3.4

29．下列符合 WWW 网址书写规则的是（　　　）。

A．http://www.computer.net　　　　　B．http//www.computer.net

C．http:www.computer.com　　　　　　D．http:\\www.computer.com

30．计算机病毒是一种（　　　）。

A．生物病毒　　　　B．有害生物　　　　C．特殊程序　　　　D．特殊细菌

31．把电子邮件同时发送给多个人，收件人之间的分隔符是（　　　）。

A．:　　　　　　　　B．、　　　　　　　　C．;　　　　　　　　D．。

32．下列不会对计算机造成威胁的是（　　　）。

A．木马程序　　　　B．蠕虫病毒　　　　C．后门程序　　　　D．杀毒软件

33．网络操作系统的英文简称是（　　　）。

A．NOS　　　　　　B．SON　　　　　　C．DOS　　　　　　D．CON

34．当数据采用连续电波形式表示时，使用的是（　　　）。

A．数字信号　　　　B．编码信号　　　　C．模拟信号　　　　D．解码信号

35．双绞线的绝缘铜导线按一定密度绞在一起的目的是（　　　）。

A．增大抗拉强度　　　　　　　　　　　B．提高抗干扰能力

C．提高传输速率　　　　　　　　　　　D．增加传输的距离

36．下列不属于 Internet 接入方式的是（　　　）。

A．ISDN　　　　　　B．ADSL　　　　　　C．ATM　　　　　　D．PPP

37．误码率描述的是数据传输的（　　　）。

A．安全性　　　　　B．可靠性　　　　　C．延迟性　　　　　D．高效性

38．URL 的含义是（　　　）。

A．主机地址　　　　　　　　　　　　　B．邮箱地址

C．地址解析服务器　　　　　　　　　　D．统一资源定位器

39．下列不属于无线传输介质的是（　　　）。

A．微波　　　　　　B．激光　　　　　　C．红外线　　　　　D．同轴电缆

40．下列关于环形拓扑结构的描述中正确的是（　　　）。

A．依赖于根结点　　　　　　　　　　　B．数据单方向传输

C．各结点形成不闭合环路　　　　　　　D．一个结点故障不影响整个网络

41．在邮件地址中，用户名与邮件服务器域名之间的连接符是（　　　）。

A．@　　　　　　　B．#　　　　　　　C．%　　　　　　　D．$

42．计算机与传输介质之间的物理接口是（　　　）。

A．闪卡　　　　　　B．声卡　　　　　　C．显卡　　　　　　D．网卡

43．在家庭中，移动终端通过 Wi-Fi 组成的网络是（　　　）。

A．综合数字网   B．无线局域网   C．综合业务网   D．无线广域网

44．下列双绞线中，传输速率最高的是（　　）。

A．3 类线   B．4 类线   C．5 类线   D．6 类线

45．因特网服务提供商的英文缩写是（　　）。

A．ASP   B．ISO   C．ISP   D．OSI

二、判断选择题（本大题共 20 小题，每小题 2 分，共 40 分）

46．一台计算机只能安装一个网卡。（　　）

A．正确   B．错误

47．在计算机网络中，路由器可以实现局域网与广域网的连接。（　　）

A．正确   B．错误

48．计算机网络可以实现软件共享和数据共享，不能实现硬件共享。（　　）

A．正确   B．错误

49．FTP 协议工作在 TCP/IP 参考模型中的应用层。（　　）

A．正确   B．错误

50．将数字信号转换为模拟信号的过程称为调制，反之称为解调。（　　）

A．正确   B．错误

51．发送邮件时，接收方一定要在线才能发送成功。（　　）

A．正确   B．错误

52．总线型网络的特点是任何两个结点之间不能直接通信。（　　）

A．正确   B．错误

53．分组交换技术采用的是"存储-转发"的交换方式。（　　）

A．正确   B．错误

54．TELNET 服务必须在指定的网络操作系统上才能使用。（　　）

A．正确   B．错误

55．DHCP 是动态主机配置协议，可以给网络中的计算机自动分配 IP 地址。（　　）

A．正确   B．错误

56．CSMA/CD 遵循"先听先发，边听边发，冲突停发，随机重发"的原则。（　　）

A．正确   B．错误

57．串行通信是指信号在多条通信线路上，每次传送多个二进制位。（　　）

A．正确   B．错误

58．交换机是大型网络中常用的设备，不适用于局域网。（　　）

A．正确   B．错误

59．DNS 域名解析系统可以实现 IP 地址与域名之间的转换。（　　）

A．正确   B．错误

60．局域网内不能使用光纤作为传输介质。（　　）

A．正确   B．错误

61．感染过计算机病毒的计算机对该病毒具有免疫性。（　　）

A．正确　　　　　　　B．错误

62．计算机网络是计算机技术和通信技术相结合的产物。（　　）

A．正确　　　　　　　B．错误

63．判断两个 IP 地址是否在同一个子网中，只需判定它们的网络号是否相同。（　　）

A．正确　　　　　　　B．错误

64．C 类 IP 地址的一个网段最多可以容纳 256 台主机。（　　）

A．正确　　　　　　　B．错误

65．ipconfig 命令可以查看本机 IP 地址的相关信息。（　　）

A．正确　　　　　　　B．错误

第二部分　非选择题

三、填空题（本大题共 10 小题，每小题 2 分，共 20 分）

66．计算机网络由通信子网和_____子网组成。

67．信道是传送信号的通道，可以分为物理信道和_____信道。

68．IPv4 地址由_____位的二进制数组成。

69．IOS/OSI 参考模型从低到高依次是物理层、数据链路层、网络层、_____层、会话层、表示层、应用层。

70．网卡地址也称为_____地址。

71．从 www.ewery.edu.cn 可以判断该域名属于中国的_____机构。

72．网络协议由语法、_____和时序三要素组成。

73．FTP 服务默认的端口号是_____。

74．计算机网络按传输介质可以分为有线网和_____。

75．网络结点通过通信链路连接到中心结点的拓扑结构是_____形结构。

计算机网络技术 试卷 II

第一部分 选择题

一、单项选择题（本大题共 20 小题，每小题 2 分，共 40 分）

1. 第一代计算机网络的主要特点是（   ）。

A. 计算机网络快速发展

B. 以主机为中心，面向终端

C. 实现了"计算机-计算机"的通信

D. 网络技术标准化，制定 OSI 参考模型

2. 信息高速公路指的是（   ）。

A. 城市专用通道   B. 国家邮件系统

C. 国家高速公路设施   D. 国家信息基础设施

3. 下列不属于数据交换技术的是（   ）。

A. 信息交换   B. 报文交换   C. 分组交换   D. 电路交换

4. 数据链路层的协议数据单元是（   ）。

A. 段   B. 包   C. 帧   D. 位

5. 通过收音机收听电台广播的通信方式是（   ）。

A. 全双工   B. 半双工   C. 单工   D. 多工

6. ARP 协议的作用是（   ）。

A. 将 IP 地址解析为主机名   B. 将主机名解析为 MAC 地址

C. 将主机名解析为 IP 地址   D. 将 IP 地址解析为 MAC 地址

7. 下列 MAC 地址正确的是（   ）。

A. 54-18-56-88-16   B. 21-10-4C-66-53

C. 00-06-5E-4C-A5-B0   D. 10-16-7B-5C-21-2H

8. 下列具有发布 Web 站点功能的是（   ）。

A. IE   B. IIS   C. DNS   D. POP3

9. IP 地址 192.168.23.255 代表的是（   ）。

A. 主机地址   B. 网络地址   C. 组播地址   D. 广播地址

10. 在双绞线中增加屏蔽层可以减少（   ）。

A. 信号衰减   B. 电磁干扰   C. 物理损坏   D. 电缆阻抗

11. 下列可能使计算机感染病毒的是（   ）。

A. 电源不稳定   B. 磁盘碎片整理   C. 下载游戏软件   D. 键盘输入有误

12. 下列关于路由器的描述中不正确的是（   ）。

A. 至少有两个网络接口   B. 用于网络之间的连接

C. 主要功能是路由选择   D. 在 OSI 参考模型的物理层

13. 通信双方建立 TCP 连接的过程是（　　　）。

A．"一次握手"　　　　B．"二次握手"　　　　C．"三次握手"　　　　D．"四次握手"

14. 将计算机网络分为点到点式网络和广播式网络的分类方式是按（　　　）划分。

A．通信方式　　　　　B．地理范围　　　　　C．传输介质　　　　　D．拓扑结构

15. E-mail 地址 user1@163.com 中，163.com 表示（　　　）。

A．用户名　　　　　　B．域名　　　　　　　C．公司名　　　　　　D．主机名

16. 在计算机系统中，默认端口号"80"对应的服务是（　　　）。

A．网站服务　　　　　B．远程登录　　　　　C．文件共享　　　　　D．电子邮件

17. "黑客"指的是（　　　）。

A．不花钱上网的人　　　　　　　　　　　B．总在夜间上网的人

C．使用匿名用户上网的人　　　　　　　　D．非法入侵他人计算机的人

18. 10Base-T 以太网使用的传输介质是（　　　）。

A．光纤　　　　　　　B．双绞线　　　　　　C．电话线　　　　　　D．同轴电缆

19. 网址 http://www.shine.edu.cn 的顶级域名是（　　　）。

A．cn　　　　　　　　B．edu　　　　　　　　C．shine　　　　　　　D．www

20. 简单邮件传输协议的英文简称是（　　　）。

A．RARP　　　　　　B．SNMP　　　　　　　C．SMTP　　　　　　　D．HTTP

二、多项选择题（本大题共 5 小题，每小题 2 分，共 10 分）

21. 用户访问局域网中的主机可以使用（　　　）。

A．用户名　　　　　　B．计算机名　　　　　C．IP 地址　　　　　　D．域名

E．MAC 地址

22. 下列关于 IPv4 地址的描述中正确的是（　　　）。

A．由二进制数组成　　　　　　　　　　　B．采用点分十进制数表示

C．包含网络号与主机号　　　　　　　　　D．分为 A、B、C、D、E 五类

E．同一子网中两台设备可以共用同一个 IP 地址

23. ipconfig /all 命令可以查看到的信息有（　　　）。

A．主机名　　　　　　B．IP 地址　　　　　　C．MAC 地址　　　　　D．DNS 地址

E．网关地址

24. 下列属于 Windows Server 2008 内置账户的是（　　　）。

A．guest　　　　　　B．root　　　　　　　　C．host　　　　　　　　D．anyone

E．administrator

25. 下列属于 Internet 应用服务的是（　　　）。

A．文件传输　　　　　B．信息搜索　　　　　C．即时通信　　　　　D．电子商务

E．电子邮件

三、判断选择题（本大题共 10 小题，每小题 2 分，共 20 分）

26. 双绞线是网络中传输速率最高的传输介质。（　　　）

A．正确　　　　　　　B．错误

27．网络的安全性和可扩展性与网络的拓扑结构无关。（　　　）

A．正确　　　　　　　B．错误

28．防火墙是设置在内部网络和外部网络之间的一道屏障。（　　　）

A．正确　　　　　　　B．错误

29．中继器在网络中可以放大信号，扩大传输距离。（　　　）

A．正确　　　　　　　B．错误

30．IP 地址 172.168.10.11/16 中，16 代表的是网关。（　　　）

A．正确　　　　　　　B．错误

31．TELNET 是远程登录协议。（　　　）

A．正确　　　　　　　B．错误

32．在局域网中，数据传输的主要方式是基带传输。（　　　）

A．正确　　　　　　　B．错误

33．在同一局域网中，两个不同子网的计算机可以直接通信。（　　　）

A．正确　　　　　　　B．错误

34．在网络操作系统中，所有用户都具有相同的权限。（　　　）

A．正确　　　　　　　B．错误

35．不随意打开电子邮件，计算机系统就不会感染病毒。（　　　）

A．正确　　　　　　　B．错误

第二部分　非选择题

四、填空题（本大题共 5 小题，每小题 2 分，共 10 分）

36．HTTP 协议的中文全称是_____。

37．TCP/IP 参考模型共分为_____层。

38．光纤可以分为单模光纤和_____光纤。

39．用 5 类双绞线制作一根交叉线，一端采用的是 EIA/TIA 568B 标准，另一端采用的是 EIA/TIA_____标准。

40．网络地址可以通过 IP 地址和_____进行逐位"与"运算获取。

五、简答题（本大题共 2 小题，每小题 10 分，共 20 分）

41．列举计算机网络的 5 种拓扑结构，并画出对应的结构图。要求：每个拓扑结构至少包含 5 个结点，结点用"●"表示。

42．根据 192.168.2.11/24，分别写出其所属的 IP 地址类别、子网掩码、网络号、主机号和该网段可用 IP 地址的范围。

综合模拟测验（一）

计算机网络技术　试卷 I

第一部分　选择题

一、单项选择题（本大题共 45 小题，每小题 2 分，共 90 分）

1. 有关因特网（Internet）的起源的描述中不正确的一项是（　　）。

A. 由 ARPANET 发展而来　　　　　　　　B. 诞生于美国

C. 最初用于军事目的　　　　　　　　　　D. 由比尔·盖茨发明

2. 按覆盖距离划分，一栋楼房内的计算机联网属于（　　）。

A. WAN　　　　　B. LAN　　　　　C. MAN　　　　　D. WLAN

3. 计算机网络使用的传输介质包括（　　）。

A. 电话线、光纤和双绞线　　　　　　　　B. 有线介质和无线介质

C. 光纤和微波　　　　　　　　　　　　　D. 卫星和电缆

4. 在计算机网络中，表示数据传输有效性的指标是（　　）。

A. 误码率　　　　　B. 频带利用率　　　　C. 信道容量　　　　D. 传输速率

5. 以下不属于网络功能的是（　　）。

A. 电子邮件　　　　B. 资源共享　　　　　C. 数据通信　　　　D. 故障诊断

6. 发送电子邮件使用的协议是（　　）。

A. SMTP　　　　　B. POP3　　　　　　C. IMAP4　　　　　D. MEMI

7. 以下属于 C 类 IP 地址的是（　　）。

A. 128.78.65.31　　　　　　　　　　　　B. 10.20.1.30

C. 196.234.111.100　　　　　　　　　　　D. 123.34.45.250

8. DNS 的作用是（　　）。

A. 用于将端口解析成 IP 地址　　　　　　B. 用于将域名解析成 IP 地址

C. 用于将 IP 地址解析成 MAC 地址　　　　D. 用于将主机名解析成 IP 地址

9. 10Base-T 中的"Base"的含义是（　　）。

A. 基带传输　　　　B. 频带传输　　　　　C. 宽带传输　　　　D. 窄带传输

10．若网络形状是由站点和连接站点的链路组成的一个闭合环，则这种拓扑结构属于（　　）。

A．星形拓扑　　　　B．总线型拓扑　　　C．环形拓扑　　　D．树形拓扑

11．IPv4 版的 IP 地址是一个 32 位的二进制数，它通常采用点分（　　）。

A．二进制数表示　　　　　　　B．八进制数表示

C．十进制数表示　　　　　　　D．十六进制数表示

12．站点 A 通过通信线路将数据发送给站点 B，站点 A 属于（　　）。

A．信道　　　　　B．信源　　　　　C．信栈　　　　　D．信宿

13．将计算机网络分为局域网、城域网、广域网是根据（　　）。

A．通信方式　　　B．覆盖范围　　　C．传输介质　　　D．传输速率

14．网络带宽为 2Mbps，那么下载一个 60MB 的电影，至少需要的时间是（　　）。

A．4 分钟　　　　B．30 分钟　　　C．0.5 分钟　　　D．400 分钟

15．浏览器与 Web 服务器之间使用的协议是（　　）。

A．FTP　　　　　B．SNMP　　　　C．HTTP　　　　D．SMTP

16．OSI 参考模型中，负责数据包的传递的是（　　）。

A．物理层　　　　B．会话层　　　C．数据链接层　　　D．传输层

17．Web 页面的地址称为（　　）。

A．MAC 地址　　　B．IP 地址　　　C．URL　　　　　D．主页地址

18．Internet 采用的交换技术是（　　）。

A．分组交换　　　B．电路交换　　　C．报文交换　　　D．信息交换

19．Internet 使用的协议是（　　）。

A．IPX/SPX　　　B．TCP/IP　　　C．NetBEUI　　　D．ARP/RARP

20．下列可以组成无线局域网的是（　　）。

A．Wi-Fi　　　　B．WAN　　　　C．ARPANET　　　D．MAN

21．下列不属于因特网应用的是（　　）。

A．携程旅游　　　B．清理垃圾文件　　C．支付宝　　　D．滴滴网约车

22．下列各种网络中，地理覆盖面最小的网络是（　　）。

A．广域网　　　　B．因特网　　　C．城域网　　　D．局域网

23．将一个文件发送给远在美国的朋友，不可使用（　　）。

A．E-mail　　　　B．QQ　　　　C．手机微信　　　D．FrontPage

24．IPv6 的出现可以解决的问题是（　　）。

A．IP 地址短缺　　　　　　　　B．5G 网络的需求

C．动态分配 IP 地址　　　　　　D．操作系统的需求

25．在以下网络应用中，要求带宽最低的应用是（　　）。

A．收发不带附件的邮件　　　　B．网上视频聊天

C．数字电视　　　　　　　　　D．可视电话

26．以交换机为中央结点的拓扑结构属于（　　）。

A．星形　　　　　　　B．总线型　　　　　　C．环形　　　　　　　D．网状型

27．必须使用调制解调器才能接入互联网的是（　　　）。

A．局域网上网　　　　B．广域网上网　　　　C．专线上网　　　　　D．电话线上网

28．光纤分布式数据接口 FDDI 采用的拓扑结构是（　　　）。

A．星形　　　　　　　B．环形　　　　　　　C．总线型　　　　　　D．树形

29．在数据通信系统中，数据通信设备即数据线路端接设备，简称为（　　　）。

A．DTE　　　　　　　B．DCE　　　　　　　C．ATM　　　　　　　D．TDM

30．在同一信道上既可以传输数字信号又可以传输模拟信号的传输方式属于（　　　）。

A．基带传输　　　　　B．频带传输　　　　　C．宽带传输　　　　　D．异步传输

31．以下属于即时通信软件的是（　　　）。

A．Outlook　　　　　B．迅雷　　　　　　　C．阿里旺旺　　　　　D．IE

32．在默认情况下，IP 地址 128.12.13.1 使用的子网掩码是（　　　）。

A．255.0.0.0　　　　　　　　　　　　　　B．255.255.0.0

C．255.255.255.0　　　　　　　　　　　　D．255.255.255.255

33．在通信系统中，一个数字脉冲信号称为一个（　　　）。

A．字节　　　　　　　B．码元　　　　　　　C．码字　　　　　　　D．字长

34．计算机网络中的共享资源主要包括（　　　）。

A．硬件、软件和数据　　　　　　　　　　　B．主机、外设和程序

C．硬件、软件和网络协议　　　　　　　　　D．主机、软件和通信信道

35．OSI 参考模型从下往上的第三层是（　　　）。

A．数据链路层　　　　B．网络层　　　　　　C．传输层　　　　　　D．会话层

36．顶级域名 net 代表（　　　）。

A．教育机构　　　　　B．商业组织　　　　　C．政府部门　　　　　D．网络服务机构

37．能提供信息浏览服务的服务器是（　　　）。

A．WWW　　　　　　B．E-mail　　　　　　C．FTP　　　　　　　D．BBS

38．物理层上信息传输的基本单位称为（　　　）。

A．段　　　　　　　　B．位　　　　　　　　C．帧　　　　　　　　D．报文

39．计算机网络中，所有的计算机都连接到一个中心结点上，一个网络结点需要传输数据，首先传输到中心结点上，然后由中心结点转发到目的结点，这种连接结构被称为（　　　）。

A．总线型结构　　　　B．环形结构　　　　　C．星形结构　　　　　D．网状型结构

40．ATM 采用信元作为数据传输的基本单位，它的长度为（　　　）。

A．43 字节　　　　　　B．5 字节　　　　　　C．48 字节　　　　　　D．53 字节

41．在 OSI 的 7 层参考模型中，工作在第二层上的网络间连接设备是（　　　）。

A．集线器　　　　　　B．路由器　　　　　　C．交换机　　　　　　D．网关

42．基带系统传输的是（　　　）。

A．数字信号　　　　　B．多信道模拟信号　　C．模拟信号　　　　　D．多路数字信号

43．TELNET 使用的端口号是（　　　）。

A. 20   B. 23   C. 21   D. 25

44. 在常用的传输介质中，带宽最小、信号传输衰减最大、抗干扰能力最弱的一类有线传输介质是（　　）。

A. 双绞线   B. 光纤   C. 同轴电缆   D. 无线信道

45. 采用曼彻斯特编码的数字信道，其数据传输速率为波特率的（　　）。

A. 2 倍   B. 4 倍   C. 1/2 倍   D. 1 倍

二、判断选择题（本大题共 20 小题，每小题 2 分，共 40 分）

46. 计算机安装了杀毒软件就不会再感染计算机病毒。（　　）

A. 正确   B. 错误

47. SMTP、POP3 协议工作在 OSI 参考模型的最高层。（　　）

A. 正确   B. 错误

48. 计算机内的传输是并行传输，而通信线路上的传输是串行传输。（　　）

A. 正确   B. 错误

49. IP 地址在 OSI 参考模型的第三层，MAC 地址在第二层。（　　）

A. 正确   B. 错误

50. 局域网中 IP 地址的分配只能采用静态分配。（　　）

A. 正确   B. 错误

51. 计算机与打印机之间的通信属于单工通信。（　　）

A. 正确   B. 错误

52. 在计算机网络中，每台计算机的地位平等，都可以平等地使用其他计算机内部的资源，这种网络就称为客户机/服务器网络。（　　）

A. 正确   B. 错误

53. 交换机与路由器工作的层次不同。（　　）

A. 正确   B. 错误

54. 在因特网上，可以有两个相同的域名存在。（　　）

A. 正确   B. 错误

55. 要访问 Internet，一定要安装 TCP/IP 协议。（　　）

A. 正确   B. 错误

56. 假冒身份攻击、非法用户进入网络系统属于破坏数据完整性。（　　）

A. 正确   B. 错误

57. 电子邮件通信是当前病毒扩散的主要途径之一。（　　）

A. 正确   B. 错误

58. IP 地址只有 A、B、C 三类，并且这三类 IP 地址都可以用于上网。（　　）

A. 正确   B. 错误

59. 交换机对数据的转发具有"存储-转发"功能。（　　）

A. 正确   B. 错误

60. 千兆以太网的传输介质可以使用 100Base-T 双绞线。（　　）

A．正确　　　　　　B．错误

61．直连线适用于同类设备连接，如主机到主机、HUB 到 HUB 等。（　　）

A．正确　　　　　　B．错误

62．OSI 参考模型是个开放的模型，它采用分层结构。（　　）

A．正确　　　　　　B．错误

63．TCP 提供可靠的面向连接的服务。（　　）

A．正确　　　　　　B．错误

64．用户只能通过 IP 地址访问 WWW 服务器。（　　）

A．正确　　　　　　B．错误

65．ARP 用于实现从主机名到 IP 地址的转换。（　　）

A．正确　　　　　　B．错误

第二部分　非选择题

三、填空题（本大题共 10 小题，每小题 2 分，共 20 分）

66．在数据链路层，数据的传送单位是_____。

67．FTP 的中文含义是_____。

68．IP 地址由网络号和_____两个部分组成。

69．通信信号中，我们把连续变化的电信号称为_____信号。

70．写出一种能完成数字信号和模拟信号转换功能的设备：_____。

71．光纤分为多模光纤和单模光纤，其中数据传输速率较高的是_____光纤。

72．为进行计算机网络中的数据交换而建立的规则、标准或约定的集合称为_____。

73．Outlook 等常用电子邮件软件接收邮件使用的协议是_____。

74．信息传输速率的单位是_____。

75．局域网常用的三种拓扑结构分别是环形、星形和_____。

计算机网络技术　试卷 II

第一部分　选择题

一、单项选择题（本大题共 20 小题，每小题 2 分，共 40 分）

1. 要使计算机能搜索并连接到 Wi-Fi 信号，计算机必须配备（　　）。

A. 读卡器　　　　　B. 摄像头　　　　　C. 无线网卡　　　　　D. 探测仪

2. TCP/IP 协议分为 4 层，分别为是（　　）。

A. 物理层、网络层、传输层、应用层

B. 低层、网络互联层、传输层、高层

C. 网络接口层、网际层、传输层、应用层

D. 数据链路层、网络接口层、传输层、应用层

3. 若主机 IP 地址是 192.168.5.121，则它的默认子网掩码是（　　）。

A. 255.255.255.0　　　　　　　　B. 255.0.0.0

C. 255.255.0.0　　　　　　　　　D. 255.255.255.127

4. 在同一个信道上的同一时刻，能够进行双向数据传送的通信方式是（　　）。

A. 单工　　　　　　　　　　　　B. 半双工

C. 全双工　　　　　　　　　　　D. 上述三种均不是

5. 将一条物理信道按时间分成若干时间片轮换地给多个信号使用，每一时间片由复用的一个信号占用，这样就可以在一条物理信道上传输多个数字信号，这就是（　　）。

A. 频分多路复用　　　　　　　　B. 时分多路复用

C. 空分多路复用　　　　　　　　D. 频分与时分混合多路复用

6. 在 OSI 参考模型中，第 3 层和其上的第 4 层的关系是（　　）。

A. 第 3 层为第 4 层服务

B. 第 4 层将从第 3 层接收的信息增加了一个头

C. 第 3 层利用第 4 层提供的服务

D. 第 3 层对第 4 层没有任何作用

7. 某单位共有 24 个办公室，每个办公室平均放置 3 台计算机，那么在进行网络规划时，最好应考虑采用的 IP 地址是（　　）。

A. C 类地址　　　　　B. B 类地址　　　　　C. D 类地址　　　　　D. A 类地址

8. 在 OSI 参考模型中，中继器工作在（　　）。

A. 物理层　　　　　B. 数据链路层　　　　　C. 网络层　　　　　D. 高层

9. 在以太网中，是根据（　　）来区分不同的设备的。

A. LLC 地址　　　　　B. MAC 地址　　　　　C. IP 地址　　　　　D. IPX 地址

10. 下列属于 B 类 IP 地址的是（　　）。

A. 192.168.0.25　　　B. 129.23.23.45　　　C. 223.240.190.1　　　D. 10.10.25.26

11. 以下表示超文本传输协议的是（　　　）。

A．SNTP　　　　　　B．UDP　　　　　　C．HTTP　　　　　　D．ARP

12. 采用 100Base-T 物理层媒介规范，其数据传输速率及每段长度分别为（　　　）。

A．100Mbps，200m　　　　　　　　B．100Mbps，100m

C．200Mbps，200m　　　　　　　　D．200Mbps，100m

13. 要将两台计算机通过网卡直接相连，那么双绞线的接法应该是（　　　）。

A．T568A-T568B　　B．T568A-T568A　　C．T568B-T568B　　D．任意接法都行

14. 交换机不具备的功能是（　　　）。

A．转发过滤　　　　B．回路避免　　　　C．路由转发　　　　D．地址学习

15. 配置 Windows Server 2008 系统的 WWW 服务器时，下列选项中不能作为网站标识的是（　　　）。

A．主目录　　　　　B．IP 地址　　　　　C．TCP 端口号　　　D．主机头

16. 手机、计算机网络的数据通信方式属于（　　　）。

A．单工通信　　　　B．半双工通信　　　C．双工通信　　　　D．全工通信

17. 创建 Web 站点可以通过 Internet 信息服务即（　　　）。

A．IIS　　　　　　　B．IE　　　　　　　C．WWW　　　　　　D．DNS

18. 网络中的某个终端，用 IP 上网正常，但是用域名浏览网页都打不开，此计算机存在的故障是（　　　）。

A．线路故障　　　　　　　　　　　　B．路由故障

C．域名解析故障　　　　　　　　　　D．服务器网卡故障

19. "ping 127.0.0.1" 命令的作用是（　　　）。

A．检测本机网关是否工作正常

B．检测本机与服务器是否连接正常

C．查看本机的 TCP/IP 参数设置

D．检测本机 TCP/IP 协议是否工作正常

20. 计算机网络的通信方式属于（　　　）。

A．全双工通信　　　B．单工通信　　　　C．半双工通信　　　D．异步通信

二、多项选择题（本大题共 5 小题，每小题 2 分，共 10 分）

21. 以下关于 Windows Server 2008 的说法中正确的是（　　　）。

A．它是一种网络操作系统　　　　　　B．它是多用户系统

C．它同时可以执行多个用户任务　　　D．它是单用户、单任务系统

E．它提供网络中数据通信功能

22. 下列可作为网络无线传输介质的是（　　　）。

A．电磁波　　　　　B．红外线　　　　　C．光纤　　　　　　D．激光

E．微波

23. 下列关于网络防火墙功能的描述中正确的是（　　　）。

A．提高网速   B．网络安全的屏障

C．隔离 Internet 和内部网络   D．抵御网络攻击

E．防止火势蔓延

24．网络中各种协议，工作在 OSI 参考模型的应用层的有（   ）。

A．SMTP   B．TCP   C．RARP   D．HTTP

E．IP

25．以下关于子网掩码的说法中正确的有（   ）。

A．默认情况下每一类 IP 都有固定的子网掩码

B．子网掩码可以区分出 IP 地址中的网络号与主机号

C．子网掩码用于设定网络管理员的密码

D．子网掩码必须与 IP 地址配合使用才有效

E．子网掩码可以把一个网络进一步划分成几个规模相同的子网

三、判断选择题（本大题共 10 小题，每小题 2 分，共 20 分）

26．网卡的 MAC 地址是 48bit。（   ）

A．正确   B．错误

27．拨号上网时将电话线传输的信号变为计算机能处理的信号的过程属于调制。（   ）

A．正确   B．错误

28．一个 Web 服务器就是一个文件服务器。（   ）

A．正确   B．错误

29．10Mbps、100Mbps、1000Mbps 以太网均采用 IEEE802.3 标准的 CSMA/CD 介质访问控制方式。（   ）

A．正确   B．错误

30．报文交换与分组交换本质上都是"存储-转发"方式。（   ）

A．正确   B．错误

31．集线器是基于 MAC 地址完成数据帧转发的。（   ）

A．正确   B．错误

32．网卡是 OSI 参考模型中的物理层设备。（   ）

A．正确   B．错误

33．分组交换技术分为数据报与虚电路两种。（   ）

A．正确   B．错误

34．我们将文件从 FTP 服务器传输到客户机的过程称为下载。（   ）

A．正确   B．错误

35．IP 地址 195.100.20.11 属于 C 类地址。（   ）

A．正确   B．错误

第二部分　非选择题

四、填空题（本大题共 5 小题，每小题 2 分，共 10 分）

36．如果需要自动为客户机分配 TCP/IP 参数，可以使用_____协议。

37．B 类网络中能够容纳最大主机地址数是_____。（写出公式，不必计算）

38．网址 http://bbs.tsinghua.edu.cn 中表示主机名的部分是_____。

39．从技术的角度看，宽带是通信信道的宽度，模拟信道的带宽就是_____之差，单位为赫兹（Hz）。

40．在网络环境下，计算机病毒具有四大特点，即传染方式多、传播速度快、消除难度大和_____。

五、简答题（本大题共 2 小题，每小题 10 分，共 20 分）

41．根据双绞线制作方法的有关知识回答以下问题：

（1）一端采用 T568A 标准、另一端采用 T568B 标准的连接方式称为什么？（2 分）

（2）制作一段以太网网线需要用到的材料和工具有哪些？（4 分）

（3）写出 EIA/TIA 568B 标准的线序（用颜色表示）。（4 分）

42．根据你对以太网使用的介质访问控制方式 CSMA/CD 的理解，回答以下问题：

（1）它主要用于解决什么问题？（2 分）

（2）它主要用于哪种网络拓扑结构？（2 分）

（3）它工作在 OSI 参考模型的哪一层？（2 分）

（4）概括性地简述 CSMA/CD 的工作原理。（4 分）

综合模拟测验（二）

计算机网络技术　试卷Ⅰ

第一部分　选择题

一、单项选择题（本大题共 45 小题，每小题 2 分，共 90 分）

1. 下列哪一项是局域网的特征？（　　）

A. 传输速率低　　　B. 信息误码率高　　　C. 覆盖范围广　　　D. 带宽高

2. 把计算机网络分为有线网和无线网的分类依据是（　　）。

A. 传输介质　　　B. 地理位置　　　C. 拓扑结构　　　D. 成本价格

3. 在 OSI 参考模型中，其主要功能是在通信子网中实现路由选择的是（　　）。

A. 物理层　　　B. 数据链路层　　　C. 网络层　　　D. 传输层

4. 下面哪种拓扑结构可以使用交换机作为连接器？（　　）

A. 双环形　　　B. 星形　　　C. 总线型　　　D. 单环形

5. 电路交换的优点是（　　）。

A. 实时性好　　　B. 信道利用率高　　　C. 通信速率低　　　D. 时延长

6. 交换机能够识别的地址是（　　）。

A. IP 地址

B. MAC 地址

C. 域名

D. MAC 地址与 IP 地址

7. 以下 IP 地址属于 A 类地址的是（　　）。

A. 10.120.12.12　　　B. 172.126.12.12　　　C. 192.168.12.12　　　D. 202.16.12.12

8. 覆盖范围在 50km 左右，传输速率较高，对应的网络类型是（　　）。

A. 广域网　　　B. 城域网　　　C. 互联网　　　D. 局域网

9. 以下 IP 地址可用于上网的是（　　）。

A. 129.2.0.0　　　B. 115.123.20.245　　　C. 101.3.256.77　　　D. 192.168.1.255

10. 关于 URL 的描述，正确的是（　　）。

A. 它是统一资源定位器

B. 用于定位本地信息资源的位置

C. 用于定位某个主页地址

D. 能完整描述 Internet 上的超文本

11. 下列不属于应用层协议的是（　　）。

A. FTP　　　B. HTTP　　　C. DNS　　　D. IP

12. 在 OSI/RM 参考模型中，（　　）处于模型的底层。

A. 物理层　　　　　　B. 网络层　　　　　　C. 传输层　　　　　　D. 应用层

13. HTTP 代表（　　）。

A. 高级程序设计语言　　　　　　　　　　B. 高速文件传输协议

C. 超文本标志语言　　　　　　　　　　　D. 超文本传输协议

14. 下列不属于网络规划设计工作的是（　　）。

A. 选择网络硬件和软件　　　　　　　　　B. 确定网络规模

C. 发布网站　　　　　　　　　　　　　　D. 确定网络拓扑结构

15. 下列关于网址的说法中，不正确的是（　　）。

A. 网址有两种表示方法　　　　　　　　　B. 互联网上计算机的 IP 地址是唯一的

C. 域名的长度是固定的　　　　　　　　　D. 输入网址时可以使用域名

16. 在处理神舟飞船升空及飞行这一问题时，网络中的所有计算机都协作完成一部分的数据处理任务，这体现的网络功能是（　　）。

A. 分布式处理　　　　　　　　　　　　　B. 提高计算机的可靠性和可用性

C. 资源共享　　　　　　　　　　　　　　D. 数据通信

17. 某中学校园网络中心到 1 号教学楼网络结点的距离大约为 700m，用于连接它们间的网络的恰当传输介质是（　　）。

A. 5 类双绞线　　　　　B. 微波　　　　　　C. 光纤　　　　　　D. 同轴电缆

18. 以下关于 IP 地址的说法中，不正确的是（　　）。

A. 拨号上网采用动态分配 IP 地址　　　　B. 局域网一般采用静态分配 IP 地址

C. 无线上网不需要 IP 地址　　　　　　　D. 采用静态分配 IP 地址，网络安全性高

19. ChinaNET 作为中国的因特网骨干网，它是指（　　）。

A. 中国公用计算机互联网　　　　　　　　B. 中国电信网

C. 中国电视网　　　　　　　　　　　　　D. 中国教育科研网

20. 到银行去取款，计算机要求你输入密码，这属于网络安全技术中的（　　）。

A. 入侵检测技术　　　　B. 防火墙技术　　　　C. 加密传输技术　　　　D. 身份认证技术

21. 中国电信、中国联通、中国移动等公司提供 Internet 接入服务，我们将它们称为（　　）。

A. ISP　　　　　　　　B. ICP　　　　　　　C. ASP　　　　　　　D. IIS

22. TCP 协议通信时寻址采用（　　）。

A. 端口号　　　　　　　B. IP 地址　　　　　C. 物理地址　　　　　D. URL

23. 在"网上邻居"中能看到自己，却看不到其他计算机，不可能的原因是（　　）。

A. 网线连接故障或网线本身有问题

B. 交换机有故障或连接有问题

C. TCP/IP 协议配置有问题

D. 网卡有问题

24. 下列不属于网络操作系统（NOS）的是（　　）。

A. Windows 2008 Server　　　　　　　　B. UNIX

C. MS-DOS   D. Novell NetWare

25. 黑客利用 IP 地址进行攻击的方法有（   ）。

A. 发送病毒   B. 解密   C. 窃取口令   D. IP 欺骗

26. 制作 T568A 标准的双绞线引脚 1 的颜色是（   ）。

A. 白绿   B. 白橙   C. 蓝   D. 绿

27. 城市电话网在数据传输期间，在源结点与目的结点之间有一条临时专用物理连接线路。这种电话网采用的技术是（   ）。

A. 报文交换   B. 申路交换   C. 分组交换   D. 虚拟交换

28. CIH 病毒以日期作为发作条件，每月 26 日发作，这主要说明病毒具有（   ）。

A. 可传染性   B. 潜伏性   C. 破坏性   D. 可触发性

29. 客户端把文件上传到 FTP 服务器可以使用的软件是（   ）。

A. IE 浏览器   B. CuteFTP   C. IIS   D. Firefox

30. 如图 ZC2-1 所示网络的拓扑结构是（   ）。

A. 总线型   B. 星形

C. 环形   D. 树形

31. 在图 ZC2-1 中，假定 PC1 使用的 IP 地址是 192.168.1.2，那么 PC2 的 IP 地址可以使用（   ）。

A. 192.168.1.3   B. 192.168.1.0

C. 192.168.2.1   D. 192.168.1.255

图 ZC2-1

32. 采用分组交换技术的是（   ）。

A. 电话   B. 计算机网络   C. 电报   D. 广播

33. 在以下传输介质中，传输带宽最高的是（   ）。

A. 电话线   B. 光纤   C. 双绞线   D. 同轴电缆

34. 覆盖一个城市或一个省的网络属于（   ）。

A. 广域网   B. 局域网   C. 城域网   D. 对等网

35. 计算机网络中负责结点通信任务的那一部分称为（   ）。

A. 交换网   B. 资源子网   C. 通信子网   D. 结点网

36. 以太网的拓扑结构属于（   ）。

A. 总线型   B. 星形   C. 树形   D. 环形

37. 可以双向传输，但是某一时刻只允许单向传输的数据传输方式属于（   ）。

A. 单工   B. 半双工   C. 全双工   D. 多工

38. 家庭有线电视网络使用的传输介质是（   ）。

A. 双绞线   B. 光纤   C. 电缆线   D. 同轴电缆

39. 目前普通家庭都连接 Internet，下列（   ）方式传输速率最高。

A. ADSL   B. 调制解调器   C. 局域网   D. ISDN

40. 在下列传输介质中，错误率最低的是（   ）。

A. 同轴电缆   B. 双绞线   C. 卫星微波   D. 光纤

41. 下列有关路由器功能的叙述中正确的是（　　）。

A. 能扩大网络传输距离　　　　　　　　　B. 不同网络间的互联

C. 会加强网络中的信号　　　　　　　　　D. 与 HUB 的功能相同

42. 关于令牌环网，下列说法中正确的是（　　）。

A. 它不可能产生冲突　　　　　　　　　　B. 令牌只沿一个方向传递

C. 令牌网络中，始终只有一个结点发送数据　D. 轻载时不产生冲突，重载时必产生冲突

43. 下列关于计算机病毒的叙述中，正确的是（　　）。

A. 反病毒软件可以查杀任何种类的病毒

B. 计算机病毒是一种被破坏了的程序

C. 反病毒软件必须随着新病毒的出现而升级，才能提高查杀病毒的能力

D. 计算机病毒只会破坏计算机中的程序和数据，不会破坏硬件

44. OSI 参考模型中规范数据表示方式和规定数据格式的功能层是（　　）。

A. 传输层　　　　B. 应用层　　　　C. 表示层　　　　D. 会话层

45. 以下属于正确的 MAC 地址的一项是（　　）。

A. 04-00-FF-6B　　　　　　　　　　　　B. 8H-4C-00-10-AA-EE

C. 4G-2E-18-09-B9-2F　　　　　　　　　D. 00-00-81-53-9B-2C

二、判断选择题（本大题共 20 小题，每小题 2 分，共 40 分）

46. 路由器在选择路由时不仅要考虑目的站 IP 地址，而且还要考虑目的站的物理地址。（　　）

A. 正确　　　　　　　B. 错误

47. ADSL 是采用上、下行对称的高速数据调制技术。（　　）

A. 正确　　　　　　　B. 错误

48. 网桥是一种工作在数据链路层上实现不同网络互联的设备。（　　）

A. 正确　　　　　　　B. 错误

49. X.25 网络是一个分组交换网。（　　）

A. 正确　　　　　　　B. 错误

50. 蓝牙是一种短距离无线通信技术。（　　）

A. 正确　　　　　　　B. 错误

51. 分组交换数据转发的单位是报文。（　　）

A. 正确　　　　　　　B. 错误

52. 一张网卡只能绑定一个 IP 地址。（　　）

A. 正确　　　　　　　B. 错误

53. Internet 使用 IPX/SPX 协议。（　　）

A. 正确　　　　　　　B. 错误

54. 要向对方发送邮件必须知道其账户和密码。（　　）

A. 正确　　　　　　　B. 错误

55. Internet 中能提供信息浏览的服务器称为 FTP 服务器。（　　）

A．正确　　　　　　　B．错误

56．模拟数据只能通过模拟信号进行传输。（　　）

A．正确　　　　　　　B．错误

57．Internet 中的 IP 地址分为 A、B、C、D、E 五类，主要是为了适应不同网络规模的要求。（　　）

A．正确　　　　　　　B．错误

58．介质访问控制技术是局域网的最重要的基本技术。（　　）

A．正确　　　　　　　B．错误

59．全双工通信只有一个传输通道。（　　）

A．正确　　　　　　　B．错误

60．LAN 和 WAN 的主要区别是通信距离和传输速率。（　　）

A．正确　　　　　　　B．错误

61．TCP/IP 属于低层协议，它定义了网络接口层。（　　）

A．正确　　　　　　　B．错误

62．在"本地连接"图标上显示一个黄色的"！"号，表示网线没有与网卡连接好。（　　）

A．正确　　　　　　　B．错误

63．双绞线是目前带宽最宽、信号传输衰减最小、抗干扰能力最强的一类传输介质。（　　）

A．正确　　　　　　　B．错误

64．在局域网标准中共定义了四个层。（　　）

A．正确　　　　　　　B．错误

65．单模光纤的性能优于多模光纤。（　　）

A．正确　　　　　　　B．错误

第二部分　非选择题

三、填空题（本大题共 10 小题，每小题 2 分，共 20 分）

66．计算机网络互联时，三层交换机工作在 ISO/OSI 参考模型中的＿＿＿＿＿层。

67．双绞线分为屏蔽双绞线和非屏蔽双绞线，是根据是否具有＿＿＿＿＿层。

68．数字数据也可以用模拟信号来表示，对于计算机数据来说，完成数字数据和模拟信号转换功能的设备是＿＿＿＿＿。

69．一个 Web 站点由端口编号、主机头和＿＿＿＿＿组成。

70．决定局域网特性的主要技术包括介质访问控制方式、传输介质和＿＿＿＿＿三方面。

71．制作双绞线时，一端采用 T568A，另一端采用 T568B，这种连接方式称为＿＿＿＿＿。

72．电信号必须通过光纤收发器转换为＿＿＿＿＿才能在光纤中传输。

73．目前，在各类双绞线中传输速率最快的是＿＿＿＿＿。

74．上网时所用的符号化的 IP 地址称为＿＿＿＿＿。

75．以太网使用的介质访问控制方法是＿＿＿＿＿。

计算机网络技术　试卷Ⅱ

第一部分　选择题

一、单项选择题（本大题共 20 小题，每小题 2 分，共 40 分）

1．广播和电视使用的数据通信方式是（　　）。

A．基带传输　　　　B．单工　　　　　C．全双工　　　　　D．半双工

2．从通信协议的角度来看，路由器是在哪个层次上实现网络互联的？（　　）

A．物理层　　　　　B．数据链路层　　　C．网络层　　　　　D．传输层

3．属于集中控制方式的网络拓扑结构是（　　）。

A．星形结构　　　　B．环形结构　　　　C．总线型结构　　　D．树形结构

4．计算机网络面临的威胁按威胁对象大体可分为两种：一种是对网络中信息的威胁，另一种是（　　）。

A．人为破坏　　　　　　　　　　　　　B．对网络中设备的威胁

C．病毒威胁　　　　　　　　　　　　　D．对网络中人员的威胁

5．教育部门的域名是（　　）。

A．.com　　　　　　B．.org　　　　　　C．.edu　　　　　　D．.net

6．将一条传输信道按照一定的时间间隔分割成多条独立、速率较低的传输信道的复用技术属于（　　）。

A．波分多路复用　　B．时分多路复用　　C．频分多路复用　　D．宽带复用

7．下列关于因特网中主机的 IP 地址的叙述中不正确的是（　　）。

A．IP 地址是网络中计算机的身份标识

B．IP 地址可以随便指定，只要和主机 IP 地址不同就行

C．一台计算机可以绑定多个 IP 地址

D．因特网中计算机使用的 IP 地址必须是全球唯一的

8．异步传输模式（ATM）实际上是两种交换技术的结合，这两种交换技术是（　　）。

A．电路交换与分组交换　　　　　　　　B．分组交换与帧交换

C．分组交换与报文交换　　　　　　　　D．电路交换与报文交换

9．如果在一个机关的办公自动化局域网中，财务部门与人事部门已经分别组建了自己的部门以太网，并且网络操作系统都选用了 Windows Server 2008，那么将这两个局域网互联起来最简单的方法是选用（　　）。

A．交换机　　　　　B．网关　　　　　　C．中继器　　　　　D．网桥

10．FTP 服务器提供匿名登录，其用户名一般采用的是（　　）。

A．guest　　　　　　B．telnet　　　　　C．anonymous　　　　D．everyone

11．下列都属于网络连接设备的一组是（　　）。

A．光纤、MODEM　　　　　　　　　　　B．集线器、路由器

C．服务器、显示器　　　　　　　　　　D．双绞线、防火墙

12．B类IP地址的第一个字节取值范围是（　　　）。

A．1～126　　　　　B．128～191　　　　C．129～191　　　　D．192～223

13．FDDI数据传输速率为（　　　）。

A．1Gbps　　　　　B．10Mbps　　　　　C．100Mbps　　　　D．10Gbps

14．在数据通信的基本概念中，构成信息编码的最小单位是（　　　）。

A．二进制位　　　　B．字节　　　　　　C．码元　　　　　　D．码字

15．组建一个网络的首要步骤是（　　　）。

A．综合布线　　　　B．采购设备　　　　C．选择拓扑结构　　D．需求分析

16．下列属于资源子网的设备是（　　　）。

A．集线器　　　　　B．交换机　　　　　C．路由器　　　　　D．打印机

17．TCP协议提供的是（　　　）。

A．无连接的服务　　B．无应答的服务　　C．可靠的服务　　　D．不可靠的服务

18．下列可以作为主机IP地址的是（　　　）。

A．192.168.26.255　　　　　　　　　　B．192.168.3.15

C．129.192.258.20　　　　　　　　　　D．210.112.192.0

19．将数据通信方式分为并行通信和串行通信是根据（　　　）。

A．传输方向　　　　B．信号种类　　　　C．传输顺序　　　　D．传输介质

20．在同一信道上，数字信号与模拟信号都可以传输的数据传输方式属于（　　　）。

A．基带传输　　　　B．频带传输　　　　C．宽带传输　　　　D．以上都不对

二、多项选择题（本大题共5小题，每小题2分，共10分）

21．要组建一个快速以太网，需要的基本硬件设备与材料包括（　　　）。

A．100Base-T交换机　　　　　　　　　B．网关

C．路由器　　　　　　　　　　　　　　D．双绞线或光纤

E．100Base-T网卡

22．网络中存在的威胁主要有（　　　）。

A．黑客攻击　　　　B．计算机病毒　　　C．木马程序　　　　D．流氓软件

E．系统漏洞

23．可以查看DNS设置的命令有（　　　）。

A．ping　　　　　　B．telnet　　　　　C．ipconfig　　　　D．nslookup

E．MS-DOS

24．下列设备中需要用双绞线的交叉线（反接线）连接的是（　　　）。

A．计算机到计算机　B．交换机到路由器　C．交换机到交换机　D．路由器到路由器

E．计算机到路由器

25．下列属于网络应用的是（　　　）。

A．证券交易系统　　B．视频会议系统　　C．远程医疗　　　　D．线上购物

E．下载歌曲

三、判断选择题（本大题共 10 小题，每小题 2 分，共 20 分）

26. DNS 是一种规则的树形结构的名字空间。（　　）

A. 正确　　　　　　　B. 错误

27. 光纤是由能传导光波的石英玻璃纤维外加保护层构成的。（　　）

A. 正确　　　　　　　B. 错误

28. 在以太网中用中继器连接网段，网段数最多为 5 个。（　　）

A. 正确　　　　　　　B. 错误

29. 系统可靠性最高的网络拓扑结构是网状结构。（　　）

A. 正确　　　　　　　B. 错误

30. 一台计算机只能拥有一个 IP 地址。（　　）

A. 正确　　　　　　　B. 错误

31. 百度属于全文搜索引擎。（　　）

A. 正确　　　　　　　B. 错误

32. 计算机网络安全包括物理安全和逻辑安全。（　　）

A. 正确　　　　　　　B. 错误

33. TCP/IP 是参照 ISO/OSI 参考模型制定的局域网协议标准。（　　）

A. 正确　　　　　　　B. 错误

34. 星形结构的网络采用的是广播式的传播方式。（　　）

A. 正确　　　　　　　B. 错误

35. 报文交换的线路利用率高于电路交换。（　　）

A. 正确　　　　　　　B. 错误

第二部分　非选择题

四、填空题（本大题共 5 小题，每小题 2 分，共 10 分）

36. 电路交换的三个阶段是_____、通信与释放连接。

37. IEEE 在 1980 年 2 月成立了 LAN 标准化委员会，专门从事 LAN 的协议制定，形成了_____的系列标准。

38. 电子邮件地址格式为 hzhk@hotmail.com，其中 hotmail.com 称为服务器的_____。

39. 根据通信方式可将计算机网络分为点到点式网络和_____网络。

40. 默认情况下，HTTP 协议使用的端口号是_____。

五、简答题（本大题共 2 小题，每小题 10 分，共 20 分）

41. 写出 5 种网络安全机制。

42. 李老师想把教师机（IP 为 192.168.1.10，计算机名为 tea）上的文件夹 student 开放给学生使用，权限为读取与写入。据此描述回答以下问题：

（1）首先李老师应该对该文件夹进行什么操作学生机才能访问？（2 分）

（2）学生是否可以将文件上传到 student 文件夹？（2 分）

（3）写出学生机访问 student 文件夹的三种方式。（6 分）

综合模拟测验（三）

计算机网络技术　试卷 I

第一部分　选择题

一、单项选择题（本大题共 45 小题，每小题 2 分，共 90 分）

1. 以下哪一项不是上网必要的设置？（　　）
A. IP 地址　　　　　B. 工作组　　　　　C. DNS　　　　　D. 子网掩码

2. 发送电报使用的数据交换技术是（　　）。
A. 电路交换　　　　B. 分组交换　　　　C. 虚电路交换　　D. 报文交换

3. 开放系统互联参考模型简称为（　　）。
A. ISO　　　　　　B. IOS　　　　　　C. SIO　　　　　　D. OSI

4. 各种网络工具软件如迅雷、IE、暴风影音等工作在 OSI 参考模型中的（　　）。
A. 表示层　　　　　B. 应用层　　　　　C. 会话层　　　　　D. 传输层

5. 若主机 IP 地址是 190.168.5.121/16，则它的子网掩码是（　　）。
A. 255.255.255.0　　　　　　　　B. 255.0.0.0
C. 255.255.0.0　　　　　　　　　D. 255.255.255.127

6. 网络软件主要包括（　　）。
A. 网络系统软件和网络协议
B. 服务器操作系统和各种上网工具软件
C. 服务器操作系统和网络应用软件
D. 网络操作系统、数据库、网络协议和网络应用软件

7. 具有冲突检测的载波侦听多路访问技术（CSMA/CD）适用的网络拓扑结构是（　　）。
A. 令牌总线型　　　B. 环形　　　　　　C. 总线型　　　　　D. 网状型

8. 在数据传输过程中，线路上每秒钟传送的波形变化次数称为（　　）。
A. 比特率　　　　　B. 波特率　　　　　C. 采样率　　　　　D. 吞吐量

9. 以下属于 DTE 设备的是（　　）。
A. 服务器　　　　　B. MODEM　　　　　C. 交换机　　　　　D. 集线器

10. 以下属于系统物理故障的一项是（　　）。
A. 硬件故障与软件故障　　　　　　B. 计算机病毒

C．人为的失误　　　　　　　　　　　　　D．网络故障和设备故障

11．OSI 参考模型的数据链路层的功能包括（　　　）。

A．保证数据帧传输的正确顺序、无差错和完整性

B．提供用户与传输网络之间的接口

C．控制报文通过网络的路由选择

D．处理信号通过物理介质的传输

12．有个 IP 地址 196.160.150.2/24，其中 24 表示（　　　）。

A．主机数为 24　　　　　　　　　　　　B．网络号占 24 位

C．主机号是 24 位　　　　　　　　　　　D．子网掩码是 24 位

13．如图 ZC3-1 所示的网络拓扑结构属于（　　　）。

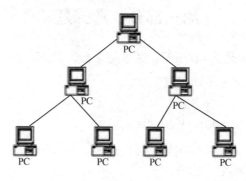

图 ZC3-1

A．星形结构　　　　B．树形结构　　　　C．网状结构　　　　D．层次型结构

14．万维网 WWW 是通过什么技术把各个对象组织在一起以便于客户端浏览的？（　　　）

A．动画技术　　　　B．文本处理技术　　　C．超链接技术　　　D．多媒体技术

15．下列不属于网络协议的是（　　　）。

A．URL　　　　　　B．IPX/SPX　　　　　C．NetBEUI　　　　D．TCP/IP

16．某台计算机的 IP 地址为 172.68.20.100，子网掩码为 255.255.0.0，则该计算机的网络地址是（　　　）。

A．0.0.20.16　　　B．172.68.20.0　　　C．172.68.0.0　　　D．172.0.0.0

17．5 类非屏蔽双绞线最高传输速率为（　　　）。

A．10Mbps　　　　B．50Mbps　　　　　C．500Mbps　　　　D．100Mbps

18．域名为 www.fjhk.com.cn，其中"cn"属于域名组成中的（　　　）。

A．机构域名部分　　　B．协议域名部分　　　C．地区域名部分　　　D．主机域名部分

19．使用 IE 在 BBS 上发布帖子的过程，采用的是（　　　）。

A．S/S 模式　　　　B．C/C 模式　　　　　C．B/S 模式　　　　D．C/S 模式

20．下列属于良好的上网行为的是（　　　）。

A．经常上网玩游戏

B．通过木马程序收集他人账号信息

C．及时打开不明电子邮件中的附件

D．通过网络与老师和同学探讨学习和生活中遇到的难题

21．下列不属于常用数据交换技术的是（　　）。

A．无线交换技术　　　B．报文交换技术　　　C．电路交换技术　　　D．分组交换技术

22．防火墙的主要功能是（　　）。

A．对数据进行加密处理

B．提高网络的安全性

C．防止机房发生火灾

D．提高网络的传输效率

23．某台计算机的子网掩码为 255.255.255.0，则该计算机所在的网络中，实际可用的 IP 地址数量是（　　）。

A．256 个　　　　　　B．254 个　　　　　　C．255 个　　　　　　D．1024 个

24．网络协议的主要功能是（　　）。

A．数字信号与模拟信号相互转换

B．用于控制对网络介质与设备的访问

C．用于控制传输介质的通信速率

D．确保通信双方有序和准确地发送和接收数据

25．下列传输介质中，不属于有线传输介质的是（　　）。

A．光纤　　　　　　　B．双绞线　　　　　　C．微波　　　　　　　D．同轴电缆

26．IP 地址为 192.16.49.30/24，则其网络 ID 和主机 ID 分别是（　　）。

A．192.0.0.0 和 0.16.49.30

B．192.16.0.0 和 0.0.49.30

C．192.16.49.0 和 0.0.0.30

D．192.16.49.0 和 0.16.49.30

27．10Base-T 结构采用的转接头是（　　）。

A．AUT　　　　　　　B．BNC　　　　　　　C．RJ-45　　　　　　D．RJ-11

28．将自己制作的网站发布到因特网上，应该采取的做法是（　　）。

A．将网站复制给所有人

B．将网站通过 E-mail 发给所有人

C．将网站文件夹共享

D．将网站上传到 Web 服务器

29．下列不属于因特网应用的是（　　）。

A．使用 MP3 播放器听音乐

B．高德地图导航

C．上网查询天气信息

D．在线看电影

30．中国教育科研网的缩写为（　　）。

A．ChinaNET　　　　　B．CERNET　　　　　C．CNNIC　　　　　　D．ChinaPac

31．要将电子阅览室的计算机组成局域网，下列最合适的传输介质是（　　）。

A．电源线　　　　　　B．光纤　　　　　　　C．电话线　　　　　　D．双绞线

32．广域网采用的数据交换技术是（　　）。

A．电路交换技术　　　B．报文交换技术　　　C．物理交换技术　　　D．分组交换技术

33．负责网络的资源管理和通信工作，并响应网络工作的请求，为网络用户提供服务的设备是（　　）。

A．网络通信软件　　　B．工作站　　　　　　C．网络服务器　　　　D．路由器

34．在因特网上的每一台主机都有唯一的地址标识，它是指（　　）。

A. IP 地址   B. 用户名

C. 计算机名   D. 统一资源定位器

35. TCP/IP 模型的 4 层协议中最接近最终用户的是（　　）。

A. 传输层   B. 网络接口层   C. 网络层   D. 应用层

36. 物理地址在 OSI 参考模型的哪一层进行封装？（　　）

A. 物理层   B. 数据链路层   C. 传输层   D. 网络层

37. 下列协议中可以用于将邮件从邮件客户端传输到服务器端的是（　　）。

A. SMTP   B. POP3   C. SNMP   D. HTTP

38. 以下关于网络协议与协议要素的描述中错误的是（　　）。

A. 协议表示网络的功能   B. 语义表示要做什么

C. 语法表示要怎么做   D. 时序表示做的顺序

39. 关于 10Base-T 以太网，以下说法中不正确的是（　　）。

A. 10 指的是传输速率为 10Mbps   B. Base 表示基带传输

C. T 指的是以太网   D. 10Base-T 是以太网的一种类型

40. 若两台主机在同一子网中，则两台主机的 IP 地址分别与它们的子网掩码相"与"的结果一定（　　）。

A. 全为 0   B. 全为 1   C. 相同   D. 不同

41. 以下不是 Ethernet 的物理层协议的是（　　）。

A. 10Base-T   B. 100Base-T   C. FDDI   D. 1000Base-T

42. 互联网中所有端系统和路由器的工作使用的协议是（　　）。

A. SNMP   B. TCP   C. IP   D. SPX

43. 在 OSI 参考模型中，IE 8.0 工作在（　　）。

A. 应用层   B. 网络层   C. 物理层   D. 表示层

44. IP 地址中，主机号全为 1 的是（　　）。

A. 回送地址   B. 网络地址   C. 保留地址   D. 有限广播地址

45. 在数据通信系统主要技术指标中，单位时间内信道传输的信息量是指（　　）。

A. 吞吐量   B. 波特率   C. 误码率   D. 数据传输速率

二、判断选择题（本大题共 20 小题，每小题 2 分，共 40 分）

46. TCP/IP 协议模型和 OSI 参考模型都采用了分层体系结构。（　　）

A. 正确   B. 错误

47. 电路交换的线路利用率高于分组交换。（　　）

A. 正确   B. 错误

48. 因特网就是典型的广域网。（　　）

A. 正确   B. 错误

49. Windows Server 2008、UNIX 和 Linux 都是常见的网络操作系统。（　　）

A. 正确   B. 错误

50. 安装了杀毒软件的计算机就可以抵御所有恶意攻击。（　　）

A．正确　　　　　　B．错误

51．光纤是计算机网络中使用的无线传输介质。（　　）

A．正确　　　　　　B．错误

52．所谓上传就是把本地硬盘上的软件、文字、图片与声音等信息转存到远程的主机上。
（　　）

A．正确　　　　　　B．错误

53．B 类 IP 地址的主机号占用 3 个字节。（　　）

A．正确　　　　　　B．错误

54．网卡即 NIC，又称为网络适配器。（　　）

A．正确　　　　　　B．错误

55．网络层协议提供无连接不可靠的数据包服务。（　　）

A．正确　　　　　　B．错误

56．星形结构中任何一个结点故障都会造成网络瘫痪。（　　）

A．正确　　　　　　B．错误

57．10Base-T 标准采用的传输介质是双绞线。（　　）

A．正确　　　　　　B．错误

58．每一块网卡的 MAC 地址都是全球唯一的。（　　）

A．正确　　　　　　B．错误

59．传输层提供端到端的数据传输。（　　）

A．正确　　　　　　B．错误

60．SNMP 是当前最流行的网络管理协议。（　　）

A．正确　　　　　　B．错误

61．黑客是指精通计算机网络技术的人。（　　）

A．正确　　　　　　B．错误

62．网络层使用的主要协议有 IP、ARP、RARP。（　　）

A．正确　　　　　　B．错误

63．TCP 连接的释放需要通过"四次握手"来实现。（　　）

A．正确　　　　　　B．错误

64．IP 地址可以随便指定，只要和服务器的 IP 地址不同就行。（　　）

A．正确　　　　　　B．错误

65．网络中的协议是控制对等实体之间通信的规则，是水平的；服务是下层通过层间接
口向上层提供的功能，是垂直的。（　　）

A．正确　　　　　　B．错误

第二部分　非选择题

三、填空题（本大题共 10 小题，每小题 2 分，共 20 分）

66．按照结点之间的关系，可将计算机网络分为对等型网络和_____网络。

67．在 OSI 参考模型中，同一结点内相邻层之间通过_____进行通信。

68．常用的有线数据传输介质有同轴电缆、双绞线和_____。

69．串行数据通信的方向性结构有单工、半双工和_____。

70．主机 A 的 IP 地址是 202.114.80.1，主机 B 的 IP 地址是 202.114.80.48，子网掩码同为 255.255.255.224，则它们之间的信息交换是否要通过路由器？_____。（填"是"或"否"）。

71．数据传输的同步技术有同步传输和_____。

72．信息可以用数字的形式来表示，数字化的信息被称为_____。

73．传输信号的信道分为逻辑信道和_____。

74．信道传输信息的最大能力指的是_____。

75．单位时间内整个网络能够处理的信息总量称为_____。

计算机网络技术　试卷 II

第一部分　选择题

一、单项选择题（本大题共 20 小题，每小题 2 分，共 40 分）

1. A 类 IP 地址有效网络结点个数为（　　）。

A. 126　　　　　　　B. 127　　　　　　　C. 128　　　　　　　D. 16384

2. UDP、TCP 协议工作在（　　）。

A. 物理层　　　　　B. 数据链路层　　　C. 网络层　　　　　D. 传输层

3. 路由器在两个网段之间转发数据包时，需要读取目的主机的（　　）来确定下一跳的转发路径。

A. IP 地址　　　　　B. MAC 地址　　　　C. 域名　　　　　　D. 主机名

4. 在局域网拓扑结构中，传输时间固定，适用于数据传输实时性要求较高的是（　　）拓扑结构。

A. 星形　　　　　　B. 总线型　　　　　C. 环形　　　　　　D. 树形

5. 如果一个 A 类 IP 地址的子网掩码中有 14 个 1，它能确定（　　）个子网。

A. 32　　　　　　　B. 8　　　　　　　　C. 62　　　　　　　D. 128

6. 两个网络要连接起来，实现共享上网，需要网关设备，以下哪个网络设备不可充当网关？（　　）

A. 集线器　　　　　B. 三层交换机　　　C. 路由器　　　　　D. 服务器

7. 以下关于网络的叙述中不正确的是（　　）。

A. 中继器的作用在于放大信号，扩大网络的传输距离

B. 同一个局域网中的计算机一定具有相同的网络号

C. 机房网络的传输介质一般使用双绞线

D. 由于交换机的性能比路由器好，所以机房网络一般都是使用交换机

8. 在局域网中不能共享（　　）。

A. 磁盘　　　　　　B. 打印机　　　　　C. 文件夹　　　　　D. 显示器

9. "面向终端的计算机网络"属于网络发展的（　　）。

A. 第一个阶段　　　B. 第二个阶段　　　C. 第三个阶段　　　D. 第四个阶段

10. 在下列传输介质中，哪种介质的传输速率最高？（　　）

A. 双绞线　　　　　B. 同轴电缆　　　　C. 光纤　　　　　　D. 无线介质

11. 下列电子邮件地址中书写正确的是（　　）。

A. fuzhou%yahoo.com.cn　　　　　　　B. fuzhou@yahoo.com.cn

C. yahoo.com.cn@fuzhou　　　　　　　D. fuzhou//yahoo.com.cn

12. 在设置资金账户密码时，以下哪个密码安全性最高？（　　）

A. abc123　　　　　B. jxBM$45　　　　　C. 888666　　　　　D. ZWXabc

13．以下不属于网络通信设备的是（　　）。

　　A．路由器　　　　　　B．交换机　　　　　　C．扫描仪　　　　　　D．中继器

14．智能手机可以聊天、看新闻、看电视，可以进行卫星导航，这些功能的实现都依赖于（　　）。

　　A．传感器技术　　　　B．智能代理技术　　　C．虚拟现实技术　　　D．无线网络技术

15．下列关于信息和数据关系的说法中不正确的是（　　）。

　　A．数据是信息的载体　　　　　　　　　B．数字、数据都是信息存在形式

　　C．数字化的信息称为数据　　　　　　　D．信息是数据的内在含义

16．电视广播数据传传输方式属于（　　）。

　　A．单工　　　　　　　B．双工　　　　　　　C．半双工　　　　　　D．全双工

17．以下不属于分组交换方式的特点的一项是（　　）。

　　A．传输质量高，误码率低　　　　　　　B．需要物理线路

　　C．适宜传输短报文　　　　　　　　　　D．采用存储-转发

18．对 TCP/IP 协议属性的设置不包括（　　）。

　　A．IP 地址　　　　　　B．子网掩码　　　　　C．网关　　　　　　　D．MAC 地址

19．在一个采用粗缆作为传输介质的以太网中，两个结点之间的距离超过 500m，那么最简单的方法是选用（　　）来扩大局域网覆盖范围。

　　A．中继器　　　　　　B．网桥　　　　　　　C．路由器　　　　　　D．网关

20．将物理信道总频带分割成若干个子信道，每个子信道传输一路信号，这就是（　　）。

　　A．同步时分多路复用　　　　　　　　　B．空分多路复用

　　C．异步时分多路复用　　　　　　　　　D．频分多路复用

二、多项选择题（本大题共 5 小题，每小题 2 分，共 10 分）

21．下列行为中会危害网络安全的是（　　）。

　　A．推送非法网站　　　　　　　　　　　B．黑客非法攻击

　　C．传播计算机病毒　　　　　　　　　　D．更新微信空间

　　E．数据窃听与拦截

22．根据传输的信号类型划分数据传输方式，可分为（　　）。

　　A．频带传输　　　　　B．基带传输　　　　　C．串行传输　　　　　D．宽带传输

　　E．同步传输

23．计算机教室的所有学生计算机突然都同时不能上网，可能的原因是（　　）。

　　A．该教室的交换机故障

　　B．提供该教室上网的代理服务器故障或停用

　　C．学生计算机故障

　　D．连接学生计算机到该教室交换机的网线故障

　　E．连接互联网的外网网线接口松动

24．构建无线网络时应关注哪三个因素？（　　）

　　A．移动性　　　　　　B．安全性　　　　　　C．干扰　　　　　　　D．广泛的布线

E．覆盖范围

25．以下属于通信子网的设备有（　　　）。

A．网卡　　　　　　　B．服务器　　　　　　C．交换机　　　　　　D．打印机

E．路由器

三、判断选择题（本大题共 10 小题，每小题 2 分，共 20 分）

26．邮件是一种实时的信息交流方式。（　　　）

A．正确　　　　　　　B．错误

27．因特网是虚拟的空间，不受法律约束，每个人都可以畅所欲言。（　　　）

A．正确　　　　　　　B．错误

28．点对点网络的缺点是不能集中管理。（　　　）

A．正确　　　　　　　B．错误

29．IP 地址 193.110.10.1/24 的网络号是 193.110.10。（　　　）

A．正确　　　　　　　B．错误

30．TELNET 协议使用的端口号是 21。（　　　）

A．正确　　　　　　　B．错误

31．网络攻击分为主动攻击与被动攻击。（　　　）

A．正确　　　　　　　B．错误

32．计算机网络安全是可以预测的。（　　　）

A．正确　　　　　　　B．错误

33．无线网络的传输技术可以分为光学传输与无线电波传输两大类。（　　　）

A．正确　　　　　　　B．错误

34．防火墙也可以用于防病毒。（　　　）

A．正确　　　　　　　B．错误

35．常说的"网络带宽"指的是数据传输速率。（　　　）

A．正确　　　　　　　B．错误

第二部分　非选择题

四、填空题（本大题共 5 小题，每小题 2 分，共 10 分）

36．通过各种途径对所要攻击的目标尽可能地进行了解，探察对方的各方面情况，确定攻击的时机，称为　　　　　。

37．网络协议的三个要素是语法、语义和　　　　　。

38．同轴电缆、双绞线线芯外围都有绝缘保护层，用于　　　　　。

39．吞吐量＝信道容量×　　　　　。

40．双绞线的 T568B 标准中，8 根线的颜色次序为白橙、橙、白绿、　　　　　、白蓝、　　　　　、白棕、棕。

五、简答题（本大题共 2 小题，每小题 10 分，共 20 分）

41．TCP/IP 模型中每一种服务都通过相应的协议来实现，请根据以下的服务要求写出对

应的协议名称（写英文简称即可）：

（1）自动获取 IP 地址服务。（2 分）

（2）将 IP 地址解析为域名服务。（2 分）

（3）将 IP 地址解析为物理地址服务。（2 分）

（4）文件的上传、下载服务。（2 分）

（5）邮件的接收、发送服务。（2 分）

42．请说明网桥、中继器和路由器各自的主要功能，以及分别工作在网络体系结构的哪一层。

综合模拟测验（四）

计算机网络技术　试卷 I

第一部分　选择题

一、单项选择题（本大题共 45 小题，每小题 2 分，共 90 分）

1. 计算机网络的主要功能是（　　）。

A. 并行处理和分布计算　　　　　　　　B. 过程控制和实时控制

C. 数据通信和资源共享　　　　　　　　D. 浏览信息和数据通信

2. 第三代计算机网络的特点是（　　）。

A. 面向终端的通信网络

B. 实现了计算机与计算机互联

C. 网络技术标准化，制定 OSI 参考模型

D. Internet 的广泛应用，并出现信息高速公路

3. 世界上第一个计算机网络是（　　）。

A. ARPANET　　　　B. ChinaNET　　　　C. Internet　　　　D. CERNET

4. WWW 称为（　　）。

A. 互联网　　　　　B. 金桥网　　　　　C. 万维网　　　　　D. 广域网

5. 如图 ZC4-1 所示的网络拓扑结构属于（　　）。

A. 星形结构　　　　B. 环形结构　　　　C. 总线型结构　　　　D. 树形结构

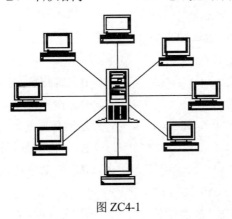

图 ZC4-1

6. 计算机网络的性能与以下因素无关的是（　　　）。

A. 拓扑结构　　　　　B. 通信设备　　　　　C. 通信线路　　　　　D. 网站设计

7. 在计算机网络中，一般局域网的数据传输速率要比广域网的数据传输速率（　　　）。

A. 高　　　　　　　　B. 低　　　　　　　　C. 相同　　　　　　　D. 不确定

8. TCP/IP 协议规定为（　　　）。

A. 4 层　　　　　　　B. 5 层　　　　　　　C. 6 层　　　　　　　D. 7 层

9. Internet 是一种（　　　）结构的网络。

A. 星形　　　　　　　B. 环形　　　　　　　C. 树形　　　　　　　D. 网状

10. 在 OSI 参考模型中，物理层存在四个特性。其中，通信接口所用接线器的形状和尺寸属于（　　　）。

A. 机械特性　　　　　B. 电气特性　　　　　C. 功能特性　　　　　D. 规程特性

11. 采用全双工通信方式，数据传输的方向性结构为（　　　）。

A. 可以在两个方向上同时传输

B. 只能在一个方向上传输

C. 可以在两个方向上传输，但不能同时进行

D. 以上均不对

12. 以下不属于 TCP 协议特点的一项是（　　　）。

A. 支持全双工　　　　B. 提供身份认证　　　C. 面向连接　　　　　D. 面向字节流

13. 因特网上用于隔离外部网络与内部网络，防止内部网络被非法访问的是（　　　）。

A. 网卡　　　　　　　B. 防火墙　　　　　　C. 杀毒软件　　　　　D. 机房防盗门

14. Windows Server 2008 系统安装时，自动产生的管理员用户名是（　　　）。

A. Guest　　　　　　 B. IUSR NT　　　　　 C. Administrator　　　 D. Everyone

15. 如果要查看 Windows Server 2008 操作系统中的 TCP/IP 配置，应该使用（　　　）。

A. msconfig 命令　　 B. winipcfg 命令　　　C. ipconfig 命令　　　 D. ping 命令

16. Internet 的应用层有很多重要的协议，以下都属于应用层协议的一组是（　　　）。

A. TCP，DNS，POP3，UDP

B. TELNET，ICMP，UDP，ARP

C. IP，ICMP，ARP，DHCP

D. HTTP，FTP，DNS，SMTP

17. "C/S" 模式指的是（　　　）。

A. 浏览器/服务器模式　　　　　　　　　　B. 客户机/浏览器模式

C. 客户机/服务器模式　　　　　　　　　　D. 浏览器/客户机模式

18. 采用电话拨号方式接入 Internet，（　　　）是不必要的。

A. 电话线　　　　　　　　　　　　　　　　B. 一个 MODEM

C. 一个 Internet 账号　　　　　　　　　　 D. 一部电话机

19. 在 IP 地址方案中，159.226.181.1 是一个（　　　）。

A. A 类地址　　　　　B. B 类地址　　　　　C. C 类地址　　　　　D. D 类地址

20. 要查看 WWW 信息，可以使用的软件是（　　　）。

A. 网络快车　　　　B. IE　　　　C. 百度　　　　D. 暴风影音

21. 在 TCP/IP 中，解决计算机到计算机之间通信问题的功能层是（　　　）。

A. 网络接口层　　　B. 传输层　　　C. 网络层　　　D. 应用层

22. 下列只能简单再生信号的设备是（　　　）。

A. 中继器　　　　　B. 网桥　　　　C. 网卡　　　　D. 路由器

23. 随着电信和信息技术的发展，国际上出现了"三网融合"，下列不属于三网之一的是（　　　）。

A. 传统电信网　　　B. 国际互联网　　C. 有线电视网　　D. 卫星通信网

24. 以下属于低层协议的是（　　　）。

A. FTP　　　　　　B. IP　　　　　C. UDP　　　　D. TCP

25. 以下哪一项不是上网必须进行的设置？（　　　）

A. IP 地址　　　　　B. 工作组　　　　C. 子网掩码　　　D. 网关

26. 下列交换技术中，结点不采用"存储-转发"方式的是（　　　）。

A. 电路交换技术　　　　　　　　　B. 报文交换技术

C. 虚电路交换技术　　　　　　　　D. 数据报交换技术

27. IPv6 将 32 位地址空间扩展到（　　　）。

A. 64 位　　　　　B. 128 位　　　C. 256 位　　　D. 1024 位

28. 用户 A 向用户 B 发送电子邮件的操作，应由 OSI 参考模型的哪一层处理？（　　　）

A. 表示层　　　　　B. 会话层　　　C. 传输层　　　D. 应用层

29. 以下符合 WWW 网址书写规则的一项是（　　　）。

A. http:\\mail.sina.com　　　　　　B. http://www.nsk.cn.gov

C. ftp:\\ftp.pku.edu.cn　　　　　　D. http//www.tj.net.jp

30. IP 地址 198.2.46.201 的默认子网掩码是（　　　）。

A. 255.0.0.0　　　　　　　　　　B. 255.255.0.0

C. 255.255.255.0　　　　　　　　D. 255.255.255.255

31. RJ-45 水晶头的接头为（　　　）芯。

A. 2　　　　　　　B. 4　　　　　　C. 6　　　　　　D. 8

32. 数据链路层中的数据块通常被称为（　　　）。

A. 分组　　　　　　B. 比特流　　　C. 报文　　　　D. 帧

33. 将双绞线制作成交叉线（一端按 EIA/TIA 568A 线序，另一端按 EIA/TIA 568B 线序），则该双绞线连接的两个设备可以是（　　　）。

A. 交换机与交换机　　　　　　　　B. 主机与交换机

C. 主机与集线器　　　　　　　　　D. 交换机与路由器

34. Web 网站的默认端口为（　　　）。

A. 80　　　　　　　B. 21　　　　　C. 8080　　　　D. 25

35. 网络中所使用的互联设备 Router 称为（　　　）。

A．集线器　　　　　　B．路由器　　　　　　C．服务器　　　　　　D．网关

36．WLAN 代表（　　　）。

A．虚拟局域网　　　　B．万维网　　　　　　C．光纤数据网　　　　D．无线局域网

37．一个 IP 地址包含网络地址与（　　　）。

A．广播地址　　　　　B．MAC 地址　　　　　C．主机地址　　　　　D．子网掩码

38．系统可靠性最高的网络拓扑结构是（　　　）。

A．总线型　　　　　　B．环形　　　　　　　C．星形　　　　　　　D．网状型

39．下列说法错误的是（　　　）。

A．电子邮件在本质上是一个文件

B．电子邮件具有快速、高效、方便、价廉等特点

C．通过电子邮件，可向世界上任何一个角落的网上用户发送信息

D．可发送的多媒体信息只有文字和图像

40．以下现象中不是计算机遭到病毒破坏引起的是（　　　）。

A．文件图标被修改　　　　　　　　　　　B．键盘的指示灯不亮

C．上网时弹出很多窗口　　　　　　　　　D．计算机反复重启

41．传输层通过什么标识不同的应用？（　　　）

A．物理地址　　　　　B．端口号　　　　　　C．IP 地址　　　　　　D．逻辑地址

42．当一台主机从一个网络迁移到另一个网络时，以下说法中正确的是（　　　）。

A．必须改变它的 IP 地址和 MAC 地址

B．根据需要改变它的 IP 地址，但无须改动 MAC 地址

C．必须改变它的 MAC 地址，但无须改动 IP 地址

D．MAC 地址、IP 地址都无须改动

43．从网络安全的角度看，当你收到陌生电子邮件时，处理其中附件的正确态度应该是（　　　）。

A．立即打开　　　　　　　　　　　　　　B．马上删除

C．暂时先保存它，日后再打开　　　　　　D．先用反病毒软件进行检测再做决定

44．网络黑客是指（　　　）。

A．计算机病毒的变种

B．经常穿黑色衣服的网络使用者

C．非法侵入他人计算机系统的人

D．经过特别训练的网络间谍

45．网络安全机制主要解决的是（　　　）。

A．网络文件共享　　　　　　　　　　　　B．因硬件损坏而造成的损失

C．提供更多的资源共享服务　　　　　　　D．保护网络资源不被复制、修改和窃取

二、判断选择题（本大题共 20 小题，每小题 2 分，共 40 分）

46．因特网是一个不属于任何个人或组织的开放网络。（　　　）

A．正确　　　　　　　B．错误

47. 广播式网络每两台机器之间都有一条专用的通信信道。（　　）

A. 正确　　　　　　　　B. 错误

48. 在 OSI 参考模型中，物理层的数据协议单元是比特序列。（　　）

A. 正确　　　　　　　　B. 错误

49. UDP 提供可靠的有连接服务。（　　）

A. 正确　　　　　　　　B. 错误

50. 数据报的每个分组可以由不同的传输路径来传输。（　　）

A. 正确　　　　　　　　B. 错误

51. 基于 OSI 参考模型的两个不同网络相连，能直接通信。（　　）

A. 正确　　　　　　　　B. 错误

52. 在 OSI 参考模型中，同等层通过协议通信。（　　）

A. 正确　　　　　　　　B. 错误

53. 因特网是世界上规模最大的计算机网络。（　　）

A. 正确　　　　　　　　B. 错误

54. TCP 协议建立连接的过程需要经过"四次握手"。（　　）

A. 正确　　　　　　　　B. 错误

55. ChinaNET 作为中国 Internet 骨干网，其运营者是中国移动。（　　）

A. 正确　　　　　　　　B. 错误

56. 在同一局域网中，两个不同子网的计算机不能直接通信。（　　）

A. 正确　　　　　　　　B. 错误

57. 信号分为模拟信号与数字信号，两者不能相互转换。（　　）

A. 正确　　　　　　　　B. 错误

58. 总线型拓扑结构中一个结点故障会影响整个线路。（　　）

A. 正确　　　　　　　　B. 错误

59. 网络号不同的两台计算机不能直接通信。（　　）

A. 正确　　　　　　　　B. 错误

60. 宽带传输把信道划分为多个逻辑信道，能提高传输速率。（　　）

A. 正确　　　　　　　　B. 错误

61. 网卡的物理地址共有 8 个字节。（　　）

A. 正确　　　　　　　　B. 错误

62. TCP/IP 网络中，物理地址与数据链路层有关，IP 地址与网络层有关，端口地址与传输层有关。（　　）

A. 正确　　　　　　　　B. 错误

63. 网络层的两种重要功能是路由选择和分组转发。（　　）

A. 正确　　　　　　　　B. 错误

64. 100Base-TX 里面的 TX 表示光纤。（　　）

A. 正确　　　　　　　　B. 错误

65. 用于对本地网络上的所有主机进行广播的 IP 地址是 255.255.255.255。（　　　）

A．正确　　　　　　　B．错误

第二部分　非选择题

三、填空题（本大题共 10 小题，每小题 2 分，共 20 分）

66. 计算机网络是计算机技术与_____技术相结合的产物。

67. 网络带宽的单位是 b/s（bps），其含义是_____。

68. 将 IP 地址解析为 MAC 地址的协议是_____。

69. 如果工作站没有硬盘只有处理器，这种没有任何存储器的工作站被称为_____。

70. 在计算机网络中，为网络提供共享资源的基本设备是_____。

71. TCP 称为_____。

72. HUB 的中文名称是_____。

73. 局域网的功能包括两大部分，对应于 OSI 参考模型的数据链路层和_____层的功能。

74. 传输层提供两类服务，即面向连接的服务和_____的服务。

75. Internet 中提供主机名字和 IP 地址之间转换的协议是_____。

计算机网络技术　试卷 II

第一部分　选择题

一、单项选择题（本大题共 20 小题，每小题 2 分，共 40 分）

1. 下列有关计算机网络的叙述中错误的是（　　）。
A. 利用 Internet 可以使用远程的超级计算中心的计算机资源
B. 计算机网络是在通信协议控制下实现的计算机互联
C. 建立计算机网络的最主要目的是实现资源共享
D. 以接入的计算机多少可以将网络划分为广域网、城域网和局域网

2. 在 OSI 参考模型中，实现把数据传送到目的地的是（　　）。
A. 传输层　　　　　B. 应用层　　　　　C. 数据链路层　　　　　D. 网络层

3. RARP 协议用于（　　）。
A. 把 MAC 地址转换成对应的 IP 地址　　　B. 根据 IP 地址查询对应的 MAC 地址
C. IP 协议运行中的差错控制　　　　　　　D. 根据交换的路由信息动态生成路由表

4. 发送电子邮件时，若接收方没有开机，那么邮件将（　　）。
A. 丢失　　　　　　　　　　　　　　　　B. 退回给发件人
C. 开机时重新发送　　　　　　　　　　　D. 保存在邮件服务器上

5. OSI 参考模型在工作时（　　）。
A. 发送方从上层向下层传输数据，每经过一层都去掉协议控制信息
B. 发送方从下层向上层传输数据，每经过一层都增加协议控制信息
C. 接收方从上层向下层传输数据，每经过一层都增加协议控制信息
D. 接收方从下层向上层传输数据，每经过一层都去掉协议控制信息

6. 若网络形状是由站点和连接站点的链路组成的一个闭合环，则这种拓扑结构称为（　　）。
A. 星形拓扑　　　　B. 总线型拓扑　　　　C. 环形拓扑　　　　D. 树形拓扑

7. 拨号上网使用的点对点协议 PPP 所在的工作层是（　　）。
A. 物理层　　　　　B. 数据链路层　　　　C. 网络层　　　　　D. 传输层

8. 计算机或终端是处理传输内容的设备，在计算机网络中称为（　　）。
A. 处理机　　　　　B. 传输机　　　　　　C. 站　　　　　　　D. 结点

9. 计算机通信子网技术发展的顺序是（　　）。
A. ATM→帧中继→电路交换→报文分组交换
B. 电路交换→报文分组交换→ATM→帧中继
C. 电路交换→报文分组交换→帧中继→ATM
D. 电路交换→帧中继→ATM→报文分组交换

10. 信号的电平随时间连续变化，这类信号称为（　　　）。

A. 模拟信号　　　　　B. 数字信号　　　　　C. 同步信号　　　　　D. 变频信号

11. 以下有关网络的分类方法中，哪一组分类方法有误？（　　　）

A. 局域网/广域网　　　　　　　　　　　　B. 对等网/城域网

C. 环形网/星形网　　　　　　　　　　　　D. 有线网/无线网

12. 在 Internet 上对每一台计算机的区分是通过（　　　）。

A. 计算机的登录名　　　　　　　　　　　B. 计算机的域名

C. 计算机的用户名　　　　　　　　　　　D. 计算机所分配的 IP 地址

13. 拨号网络与 Internet 建立的是（　　　）连接。

A. 仿真终端　　　　　B. PPP　　　　　C. FDDI　　　　　D. IPX

14. 下列不属于通信子网功能层的是（　　　）。

A. 物理层　　　　　B. 网络层　　　　　C. 传输层　　　　　D. 数据链路层

15. 网络层中的数据单位是（　　　）。

A. 帧　　　　　B. 字节　　　　　C. 报文　　　　　D. 分组

16. IP 数据报分为报头和（　　　）两个部分。

A. 数据区　　　　　B. 源地址码　　　　　C. 目的地址码　　　　　D. 报尾

17. 中国互联网络信息中心的英文缩写是（　　　）。

A. CSTNET　　　　　B. ChinaNET　　　　　C. CERNET　　　　　D. CNNIC

18. 为局域网上各工作站提供完整数据、目录等信息共享的服务器是（　　　）服务器。

A. 磁盘　　　　　B. 终端　　　　　C. 打印　　　　　D. 文件

19. 在因特网域名中，com 通常表示（　　　）。

A. 商业组织　　　　　B. 政府部分　　　　　C. 教育机构　　　　　D. 网络支持机构

20. 下列关于 IP 地址的说法中错误的是（　　　）。

A. 一个 IP 地址只能标识网络中的唯一的一台计算机

B. IP 地址一般用点分十进制数表示

C. 205.106.286.36 是一个合法的 IP 地址

D. 同一个网络中不能有两台计算机使用相同的 IP 地址

二、多项选择题（本大题共 5 小题，每小题 2 分，共 10 分）

21. 网络安全防护技术包括（　　　）。

A. 防火墙技术　　　　　B. 数据压缩技术　　　　　C. 杀毒技术　　　　　D. 数据加密技术

E. 数据备份与灾难恢复技术

22. 下列设备中属于网络中的终端设备（DTE）的有（　　　）。

A. 路由器　　　　　B. 监控摄像头　　　　　C. 打印机　　　　　D. 交换机

E. 工作站

23. OSI 参考模型的哪三层提供类似于 TCP/IP 模型的应用层提供的网络服务？（　　　）

A. 会话层　　　　　B. 传输层　　　　　C. 网络层　　　　　D. 表示层

E. 应用层

24．CSMA/CD 的工作原理可以概括为（　　　）。

A．先听后发　　　　B．边听边发　　　　C．冲突停止　　　　D．先听先发

E．随机重发

25．用户正在尝试访问 http://www.hp.com，但未成功。必须在主机上设置哪些参数才能允许访问？（　　　）

A．DNS 服务器　　　B．端口号　　　　　C．HTTP 服务器　　　D．默认网关

E．源 MAC 地址

三、判断选择题（本大题共 10 小题，每小题 2 分，共 20 分）

26．计算机网络中的一台计算机可以干预另一台计算机的工作。（　　　）

A．正确　　　　　　B．错误

27．报文交换不需要在两个通信结点之间建立专用的物理线路。（　　　）

A．正确　　　　　　B．错误

28．一台计算机只能装一块网卡。（　　　）

A．正确　　　　　　B．错误

29．在计算机网络中，不同结点的相同层次的功能是不一样的。（　　　）

A．正确　　　　　　B．错误

30．划分子网后，处于不同子网的计算机要相互通信必须使用路由器。（　　　）

A．正确　　　　　　B．错误

31．网络用户口令可以让其他人知道，因为这样不会对网络安全造成危害。（　　　）

A．正确　　　　　　B．错误

32．Linux 与传统网络操作系统的区别之一是它开放源代码。（　　　）

A．正确　　　　　　B．错误

33．网络中的终端就是指计算机。（　　　）

A．正确　　　　　　B．错误

34．两台计算机只要用一根网线接起来就能工作。（　　　）

A．正确　　　　　　B．错误

35．域名组成中，最高级的域名部分在最左边。（　　　）

A．正确　　　　　　B．错误

第二部分　　非选择题

四、填空题（本大题共 5 小题，每小题 2 分，共 10 分）

36．路由器最主要的功能是_____。

37．为了有效地利用通信线路，一个信道同时传输多路信号，可采用_____技术。

38．计算机网络术语 MAC 的含义是_____。

39．计算机网络系统由负责_____的通信子网和负责信息处理的资源子网组成。

40．OSI 参考模型由物理层、数据链路层、网络层、传输层、会话层、_____和应用层组成。

五、简答题（本大题共 2 小题，每小题 10 分，共 20 分）

41. 根据 IP 地址 194.47.20.130/24，回答以下问题：

（1）该 IP 地址属于哪一类地址？（2 分）

（2）写出该 IP 地址对应的子网掩码。（2 分）

（3）写出该 IP 地址的网络号。（2 分）

（4）该 IP 地址能支持的最大网络数是多少？（2 分）（写公式，不用计算）

（5）每个网络中最多有多少台主机？（2 分）

42. 什么是单工、半双工和全双工通信？请各举两个实例。

综合模拟测验（五）

计算机网络技术　试卷 I

第一部分　选择题

一、单项选择题（本大题共 45 小题，每小题 2 分，共 90 分）

1. 把计算机网络分为有线网和无线网的分类依据是（　　）。

A. 传输介质　　　　　B. 地理位置　　　　　C. 拓扑结构　　　　　D. 成本价格

2. 当你在网上下载软件时，你享受的网络服务类型是（　　）。

A. 文件传输　　　　　B. 远程登录　　　　　C. 信息浏览　　　　　D. 即时通信

3. 属于单工传送方式的是（　　）。

A. 智能手机　　　　　B. 对讲机　　　　　　C. 计算机网络　　　　D. 无线电台

4. 局域网中双绞线上传输的信号是（　　）。

A. 模拟信号　　　　　B. 数字信号　　　　　C. 光信号　　　　　　D. 物理信号

5. 数据通信系统中介于 DTE 与传输介质之间的设备是（　　）。

A. 信源　　　　　　　B. DCE　　　　　　　C. 终端　　　　　　　D. 终端控制器

6. 信道容量指的是（　　）。

A. 单位时间内信道传输的信息量

B. 信道传输信息的最大能力

C. 信道所能传送的信号的频率宽度

D. 单位时间内整个网络能够处理的信息总量

7. 如图 ZC5-1 所示的网络拓扑结构属于（　　）。

A. 星形结构　　　　　B. 混合型结构　　　　C. 环形结构　　　　　D. 网状型结构

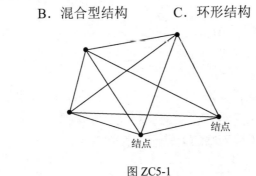

图 ZC5-1

8. 子网掩码为 255.255.0.0 的网络中，实际可用 IP 地址数量是（　　　）。

A. 65530　　　　　B. 12880　　　　　C. 254　　　　　D. 65534

9. 下列信息交流方式中，都属于实时交流的一组是（　　　）。

A. 电子邮件和 MSN 聊天　　　　　　B. 微信聊天和 QQ 聊天

C. IP 电话和网络论坛　　　　　　　　D. 视频会议和 BBS 发帖

10. 对付计算机黑客进入自己计算机的最有效手段是（　　　）。

A. 选择上网人数少的时段　　　　　　B. 设置安全密码

C. 安装防火墙　　　　　　　　　　　D. 向 ISP 请求提供保护

11. B 类 IP 地址中的主机号的二进制位数是（　　　）。

A. 8 位　　　　　B. 16 位　　　　　C. 24 位　　　　　D. 32 位

12. 无线局域网的协议是（　　　）。

A. IEEE802.8　　　B. IEEE802.9　　　C. IEEE802.10　　　D. IEEE802.11

13. 传输层标识不同的应用是通过（　　　）。

A. 端口号　　　　　B. 物理地址　　　　　C. IP 地址　　　　　D. 逻辑地址

14. 为了能在网络上正确地发送信息，制定了一套关于传输顺序、格式、内容和方式的综合规则，称之为（　　　）。

A. 网络操作系统　　　　　　　　　　B. 网络通信软件

C. 网络通信协议　　　　　　　　　　D. OSI 参考模型

15. 如果路由选择有问题，将向信源机发出（　　　）报文。

A. 网络不可达　　　　　　　　　　　B. 主机不可达

C. 端口不可达　　　　　　　　　　　D. 协议不可达

16. b/s（bps）是什么的单位？（　　　）

A. 比特率　　　　　B. 波特率　　　　　C. 误码率　　　　　D. 吞吐率

17. OSI/RM 参考模型中，将比特流封装为帧的工作层是（　　　）。

A. 数据链路层　　　B. 网络层　　　　　C. 物理层　　　　　D. 传输层

18. 数据通信中的信道每秒电位变化的次数称为（　　　）。

A. 波特率　　　　　B. 比特率　　　　　C. 频率　　　　　D. 数率

19. 利用有线电视上网的技术称为（　　　）。

A. HFC　　　　　　B. ADSL　　　　　C. ISDN　　　　　D. DDN

20. 信元的长度是（　　　）。

A. 48B　　　　　　B. 53B　　　　　　C. 5B　　　　　　D. 128B

21. 非屏蔽双绞线接口采用（　　　）。

A. RJ-45　　　　　B. F/O　　　　　　C. AUI　　　　　　D. BNC

22. 以下属于通信子网的设备是（　　　）。

A. 打印机　　　　　B. 交换机　　　　　C. 服务器　　　　　D. 显示器

23. 无线局域网相对于有线网络的主要优点是（　　　）。

A．抗干扰性强   B．网络带宽高

C．稳定性能好   D．移动接入方便

24．根据传输的信号不同，信道可以分为模拟信道和（　　　）。

A．物理信道   B．有线信道   C．公用信道   D．数字信道

25．10Base-T 中的"10"代表（　　　）含义。

A．传输速率为 10Mbps   B．传输速率为 10MBps

C．网络的最大传输距离为 10km   D．网络的联网主机最多为 10 台

26．以下不属于 Internet 提供的服务的是（　　　）。

A．WWW   B．E-mail   C．FTP   D．NetBIOS

27．以下属于信息物理安全措施的是（　　　）。

A．入侵检测   B．防火墙   C．防雷击   D．身份认证

28．以下不属于杀毒软件的是（　　　）。

A．360 杀毒   B．瑞星   C．网际快车   D．金山毒霸

29．以下不属于局域网特点的是（　　　）。

A．覆盖范围小   B．误码率低   C．比特率高   D．时延高

30．对整个网络的设计、功能、可靠性和费用方面有着重要影响的因素是（　　　）。

A．误码率   B．拓扑结构   C．网络距离   D．网络传输速率

31．在构建网络时，设计 IP 地址方案首先要（　　　）。

A．给每个硬件设备分配一个 IP 地址   B．选择合理的 IP 寻址方式

C．保证 IP 地址不重复   D．优先考虑采用动态分配 IP

32．在电缆中屏蔽的好处是（　　　）。

A．减少信号衰减   B．减少电磁辐射干扰

C．减少物理损坏   D．减少电缆的阻抗

33．根据（　　　）可将光纤分为单模光纤和多模光纤。

A．光纤的粗细   B．光纤的传输速率

C．光在光纤中的传播方式   D．光纤的传输距离

34．FDDI 是（　　　）。

A．快速以太网   B．千兆以太网

C．光纤分布式数据接口   D．异步传输模式

35．随着信息技术的发展，人类迈入"刷脸时代"，人脸识别属于（　　　）。

A．图像处理技术   B．网络通信技术

C．数据库技术   D．网络安全技术

36．下列不属于网络下载工具的一项是（　　　）。

A．迅雷   B．快车   C．WinZip   D．网络蚂蚁

37．关于发送电子邮件，下列说法中正确的是（　　　）。

A．你必须先接入 Internet，别人才可以给你发送电子邮件

B．你只有打开了自己的计算机，别人才可以给你发送电子邮件

C．只要有 E-mail 地址，别人就可以给你发送电子邮件

D．你要打开邮箱，别人才可以给你发送电子邮件

38．把整个学校所有计算机都连起来构成的网络属于（　　）。

A．MAN　　　　　　B．LAN　　　　　　C．WAN　　　　　　D．WLAN

39．以太网帧的地址字段中保存的是（　　）。

A．主机名　　　　　B．端口号　　　　　C．MAC 地址　　　　D．IP 地址

40．万兆以太网使用的传输介质是（　　）。

A．电话线　　　　　B．同轴电缆　　　　C．双绞线　　　　　D．光纤

41．以下设备不能配置 IP 地址的是（　　）。

A．路由器　　　　　B．二层交换机　　　C．网络打印机　　　D．网卡

42．Windows Server 2008 中为便于对用户进行管理可以建立（　　）。

A．组织单位　　　　B．目录　　　　　　C．单元　　　　　　D．组

43．以下属于网络操作系统的软件是（　　）。

A．Windows XP　　　　　　　　　　　B．Office 2010

C．UNIX/Linux　　　　　　　　　　　D．Internet Explorer

44．下列关于 TELNET 协议的说法中不正确的是（　　）。

A．可以用于远程登录主机　　　　　　B．它位于 OSI 参考模型的第 7 层

C．可能被黑客用于攻击网络　　　　　D．经常用来下载软件

45．下列说法中不正确的是（　　）。

A．互联网计算机必须有网络适配器

B．互联网计算机必须有固定 IP 地址

C．互联网计算机必须使用 TCP/IP 协议

D．互联网计算机在相互通信时必须遵循相同的网络协议

二、判断选择题（本大题共 20 小题，每小题 2 分，共 40 分）

46．对于实时性要求很高的场合，数据交换技术应该使用分组交换。（　　）

A．正确　　　　　　B．错误

47．数据通信中的信道传输速率称为比特率。（　　）

A．正确　　　　　　B．错误

48．网桥用于连接异种网络，路由器用于连接同种网络。（　　）

A．正确　　　　　　B．错误

49．OSI 参考模型有 7 层，而 TCP/IP 只有 4 层。（　　）

A．正确　　　　　　B．错误

50．广域网的数据传输速率一般比局域网的传输速率低。（　　）

A．正确　　　　　　B．错误

51．计算机病毒在本质上是一种非授权可执行程序。（　　）

A．正确　　　　　　B．错误

52．网络协议安装在服务器上，客户端不用安装。（　　）

A．正确　　　　　B．错误

53．本地网络若找不到网络连接，首先要检查网卡的驱动程序是否正确安装。（　　）

A．正确　　　　　B．错误

54．电子邮件的附件可以是任意格式的文件，且大小不限。（　　）

A．正确　　　　　B．错误

55．Windows Server 2008 工作模式可以是域或工作组。（　　）

A．正确　　　　　B．错误

56．到达通信子网中某一部分的分组数量过多，使得该部分乃至整个网络性能下降的现象，称为拥塞现象。（　　）

A．正确　．　　　　B．错误

57．Outlook 是一个邮件客户端程序。（　　）

A．正确　　　　　B．错误

58．交换机的 Up-Link 端口用于级联。（　　）

A．正确　　　　　B．错误

59．TCP 在数据传输时只能采用单工方式。（　　）

A．正确　　　　　B．错误

60．"10Base-T" 代表的含义是：10Mbps 基带传输的双绞线以太网。（　　）

A．正确　　　　　B．错误

61．集线器工作在 OSI 参考模型的网络层。（　　）

A．正确　　　　　B．错误

62．MAC 地址可以唯一标识网络上的一个站点。（　　）

A．正确　　　　　B．错误

63．目前以太网常用的接口是 RJ-45 接口。（　　）

A．正确　　　　　B．错误

64．无线通信的介质有电磁波、激光和红外线等。

A．正确　　　　　B．错误

65．域名必须通过 ARP 协议翻译为 IP 地址。（　　）

A．正确　　　　　B．错误

第二部分　非选择题

三、填空题（本大题共 10 小题，每小题 2 分，共 20 分）

66．计算机网络的功能主要表现在资源共享和_____。

67．计算机内传输的信号是_____信号，而公用电话系统只能传输_____信号。

68．交换是实现数据传输的一种手段，计算机网络采用的交换技术是_____。

69．通信系统中，称调制前的电信号为_____信号，调制后的信号为调制信号。

70．数据传输方式按数据传输顺序可分为串行通信和_____。

71．网络安全的基本因素包括可用性、可控性、完整性和_____。

72．网络上的某个终端使用了携带病毒的 U 盘，造成整个网络都感染病毒，说明病毒具有＿＿＿＿＿＿性。

73．模拟信号在数字信道上传输前要进行＿＿＿＿＿＿处理；数字数据在模拟信道上传输前要进行＿＿＿＿＿＿处理，以便在数据中加入时钟信号，加强抗干扰能力。

74．常见的局域网标准有 FDDI、ATM、无线局域网以及＿＿＿＿＿＿等。

75．通过一定的算法将明文转换为密文的过程称为＿＿＿＿＿＿。

计算机网络技术　试卷Ⅱ

第一部分　选择题

一、单项选择题（本大题共 20 小题，每小题 2 分，共 40 分）

1. 世界上第一个分组交换网称为（　　）。

A．TCP/IP 网　　　　B．X.25 网　　　　C．ARPANET　　　　D．局域网

2. 称一个网络为局域网的分类依据是（　　）。

A．网络协议　　　B．拓扑结构　　　C．传输介质　　　D．覆盖范围

3. 广域网的拓扑结构一般为（　　）。

A．星形　　　　　B．环形　　　　　C．网状型　　　　D．总线型

4. 两结点间的物理电路称为（　　）。

A．数据链路　　　B．逻辑电路　　　C．通信线路　　　D．数据电路

5. 给出 B 类 IP 地址 190.168.2.1 及其子网掩码 255.255.224.0，它可以划分几个子网？
（　　）

A．8　　　　　　B．6　　　　　　C．4　　　　　　D．2

6. 关于 WWW 服务系统的叙述中，不正确的是（　　）。

A．采用客户机/服务器工作模式

B．传输协议使用 HTML

C．页面到页面的连接由 URL 组成

D．客户端应用程序称为浏览器

7. 下列不是正确的 URL 路径的一项是（　　）。

A．http://www.nro.org.cn　　　　　　B．http://www.sotu.com.cn

C．ftp://ftp.pku.edu.cn　　　　　　　D．http://112.115.149.1/flash

8. 以下哪一类 IP 地址标识的主机数量最多？（　　）

A．A 类　　　　　B．B 类　　　　　C．C 类　　　　　D．D 类

9. 拓扑结构通过结点与通信线路之间的几何关系表示网络中实体间的（　　）。

A．联机关系　　　B．结构关系　　　C．主次关系　　　D．层次关系

10. 以下选项不属于"5-4-3"原则的是（　　）。

A．5 个网段　　　　　　　　　　　B．4 个中继器

C．3 个网段可挂接设备　　　　　　D．5 个网段可挂接设备

11. 攻击技术不包括（　　）。

A．网络监听　　　B．网络隐身　　　C．网络入侵　　　D．网络后门

12. 将一个元旦晚会视频作品提交到学校的服务器上，你认为最合适的提交方式是
（　　）。

A．E-mail　　　　B．QQ　　　　　C．FTP　　　　　D．微信

13. 下列不属于系统安全保护措施的是（　　　）。

A. 防病毒　　　　　　B. 入侵检测　　　　　C. 设置加密狗　　　　D. 身份认证

14. IP 协议是无连接的，其信息传输方式是（　　　）。

A. 点到点　　　　　　B. 广播　　　　　　　C. 虚电路　　　　　　D. 数据包

15. 下列关于 Windows Server 2008 系统 WWW 服务器的描述中，正确的是（　　　）。

A. Web 站点必须配置静态的 IP 地址

B. 在一台服务器上只能构建一个网站

C. 访问 Web 站点时必须使用站点的域名

D. 建立 Web 站点时必须为该站点指定一个主目录

16. 网络协议中规定通信双方要发出什么控制信息，以及执行的动作和返回的应答的部分，称为（　　　）。

A. 语法　　　　　　　B. 时序　　　　　　　C. 语义　　　　　　　D. 以上都不是

17. 在 OSI 参考模型中，数据链路层的数据协议单元是（　　　）。

A. 报文　　　　　　　B. 分组　　　　　　　C. 比特流　　　　　　D. 帧

18. 检查网络连通性的命令是（　　　）。

A. ping　　　　　　　B. arp　　　　　　　　C. bind　　　　　　　D. ipconfig

19. 在 Internet 中，网络层按（　　　）进行寻址。

A. 邮件地址　　　　　B. IP 地址　　　　　　C. MAC 地址　　　　　D. 内存地址

20. 要将一个 IP 地址是 220.33.12.0 的网络划分成多个子网，每个子网包括 25 个主机并要求有尽可能多的子网，指定的子网掩码应为（　　　）。

A. 255.255.255.192　　　　　　　　　　　B. 255.255.255.224

C. 255.255.255.240　　　　　　　　　　　D. 255.255.255.248

二、多项选择题（本大题共 5 小题，每小题 2 分，共 10 分）

21. 组建学校机房计算机网络需要配置（　　　）。

A. 交换机　　　　　　　　　　　　　　　B. 双绞线与 RJ-45 接头

C. 一台服务器　　　　　　　　　　　　　D. 网络操作系统

E. 路由器

22. 子网划分的意义包括（　　　）。

A. 减少网络流量　　　　　　　　　　　　B. 减少网络风暴，提高网络性能

C. 增加网络功能　　　　　　　　　　　　D. 简化管理，便于维护

E. 节约 IP 地址

23. 通信子网包括的协议层有（　　　）。

A. 物理层　　　　　　B. 网络层　　　　　　C. 传输层　　　　　　D. 数据链路层

E. 应用层

24. 衡量网络性能的指标有（　　　）。

A. 速率　　　　　　　B. 带宽　　　　　　　C. 利用率　　　　　　D. 误码率

E. 吞吐量

25．以下属于无线局域网的设备设施的是（　　　）。

A．无线网卡　　　　B．天线　　　　　　C．无线路由器　　　　D．红外线接收器

E．无线网桥

三、判断选择题（本大题共 10 小题，每小题 2 分，共 20 分）

26．我们所说的高层互联是指传输层及其以上各层协议不同的网络之间的互联。（　　　）

A．正确　　　　　　B．错误

27．常见广播式网络一般采用总线型和树形拓扑结构。（　　　）

A．正确　　　　　　B．错误

28．TCP/IP 协议不能连接两个不同类型的网络。（　　　）

A．正确　　　　　　B．错误

29．第三代网络是国际标准化网络。（　　　）

A．正确　　　　　　B．错误

30．局域网传输信息采用广播方式。（　　　）

A．正确　　　　　　B．错误

31．用双绞线连接两台交换机应采用直连线。（　　　）

A．正确　　　　　　B．错误

32．WWW 是 Internet 上的一个协议。（　　　）

A．正确　　　　　　B．错误

33．按通信传输的介质可将计算机网络分为局域网、广域网和城域网三种。（　　　）

A．正确　　　　　　B．错误

34．路由器可以充当网关。（　　　）

A．正确　　　　　　B．错误

35．将频带信号变为基带信号需要经过采样、量化、编码的过程。（　　　）

A．正确　　　　　　B．错误

第二部分　非选择题

四、填空题（本大题共 5 小题，每小题 2 分，共 10 分）

36．信号的传输方式包括基带传输、宽带传输和_____传输。

37．差错控制技术常采用冗余编码方案，常用的两种校验码是循环冗余码校验和_____。

38．OSI 参考模型中，为用户提供方便、有效的网络应用环境，被称为用户与网络的接口的层是_____。

39．从计算机域名到 IP 地址翻译的过程称为_____。

40．计算机专业术语 WAN 称为_____。

五、简答题（本大题共 2 小题，每小题 10 分，共 20 分）

41．数据交换的方式有哪些？分别各举一个实例，其中线路利用率较高的方式有哪些？时延较长的方式有哪些？

42. 某单位申请到一个 C 类 IP 地址 202.168.1.0，现进行子网划分，根据实际要求需划分为 6 个子网。请回答以下问题：

（1）求每个子网的主机数。（2分）

（2）求出子网掩码。（3分）

（3）写出第一个子网的网络号。（3分）

（4）写出第一个子网的 IP 地址范围。（2分）

第三部分

部分参考答案

单元过关测验

第一章

一、单项选择题

1．A　2．C　3．C　4．D　5．A　6．B　7．C　8．A　9．D　10．A　11．D　12．B　13．B　14．C　15．D　16．A　17．B　18．C　19．D　20．D　21．A　22．B　23．D　24．A　25．C　26．A　27．A　28．B　29．B　30．A

二、多项选择题

31．ABC　32．ABCE　33．ABD　34．ACD　35．ABCD

三、判断题

36．×　37．√　38．×　39．×　40．×　41．×　42．√　43．√　44．√

四、填空题

45．独立功能

46．资源共享

47．局域网，广域网，城域网（或写为 LAN、WAN、MAN）

48．交换机，路由器

49．通信子网

50．通信介质（传输介质）

五、简答题

51．网络定义：计算机网络是指将地理位置不同的具有独立功能的多台计算机及其外部设备，通过通信线路连接起来，在网络操作系统、网络管理软件及网络通信协议的管理和协调下，实现资源共享和信息传递的计算机系统。

联网目的：实现计算机系统的资源共享（包括硬件、软件、数据）、数据通信（信息交换）以及分布式处理。

52．总线型，星形，环形，网状型，树形；环形，星形。

53．面向终端的计算机通信网络，计算机与计算机互联阶段，网络与网络互联阶段，互联网与信息高速公路阶段；第二阶段、第三阶段、第四阶段。

54．资源子网：包括网络中的所有计算机、I/O 设备、网络操作系统和网络数据库等。它负责全网面向应用的数据处理业务，向网络用户提供各种网络资源和网络服务，实现网络资源共享。

通信子网：由用作信息交换的通信控制处理机、通信线路和其他通信设备组成的独立的数据信息系统。它承担全网的数据传递、转接等通信处理工作。

第二章

一、单项选择题

1．A　2．C　3．D　4．C　5．A　6．C　7．C　8．A　9．C　10．C　11．D　12．A　13．A　14．B　15．C　16．D　17．A　18．B　19．D　20．A　21．B　22．B　23．A　24．A　25．C　26．A　27．B　28．C　29．A　30．A　31．C　32．A　33．B　34．A　35．A　36．C　37．D　38．D　39．D　40．C　41．D　42．B　43．D　44．D　45．A　46．A　47．D　48．B　49．B　50．B

二、多项选择题

51．ABCD　52．AD　53．ABCD　54．ACDE　55．ABDE

三、判断题

56．√　57．√　58．×　59．×　60．√　61．√　62．×　63．×　64．√　65．√　66．√　67．√　68．√　69．√　70．×

四、填空题

71．宽带传输

72．数字信号

73．并行通信

74．波分多路复用

75．调制与解调

76．高

77．全双工通信

78．数据传输

79．传输速率（或比特率）

80．报文交换

五、简答题

81．（1）比特率；（2）波特率；（3）误码率；（4）吞吐量；（5）信道的传播延迟；（6）带宽。

82．（1）比特率：表示单位时间内所传送的二进制代码的有效位数。

（2）波特率：表示数据传输过程中，单位时间内信号波形的变换次数。

（3）数据传输速率：是指单位时间内信道传输的信息量，即比特率，单位为 b/s（bps）。

（4）信道容量：是指信道传输信息的最人能力，常用信息速率表示。

83．按数据传输顺序分：并行通信和串行通信；

按数据传输方式分：同步传输和异步传输；

按数据传输信号分：基带传输、频带传输和宽带传输。

84．电话系统采用电路交换方式。

电路交换方式有如下特点：

（1）电路交换中的每个结点都是电子式或电子机械式的交换设备，它不对传输的信息进行任何处理。

(2) 数据传输开始前必须建立两个工作站之间实际的物理连接，然后才能通信。

(3) 通道在连接期间是专用的，线路利用率低。

(4) 除链路上的传输时延外，不再有其他的时延，在每个结点的时延是很短的。

(5) 整个链路上有一致的数据传输速率，连接两端的计算机必须同时工作。

85．数据通信系统组成：

(1) 数据终端设备（或 DTE），如计算机、路由器；

(2) 数据线路端接设备（或数据通信设备、DCE），如交换机、MODEM；

(3) 通信线路（或传输介质），如双绞线、光纤、同轴电缆、无线传输介质。

86．①单向传输

②双向同时传输

③对讲机、计算机与打印机的通信

④手机与计算机网络

第三章

一、单项选择题

1．D 2．A 3．B 4．A 5．A 6．B 7．C 8．C 9．C 10．D 11．C 12．C 13．B 14．C 15．B 16．D 17．A 18．C 19．A 20．B 21．D 22．C 23．B 24．B 25．C 26．C 27．C 28．B 29．B 30．C 31．B 32．D 33．D 34．D 35．C 36．C 37．D 38．B 39．D 40．B

二、多项选择题

41．ABCE 42．BCDE 43．BCDE 44．BCE 45．ACD

三、判断题

46．√ 47．× 48．√ 49．× 50．√ 51．√ 52．× 53．× 54．√ 55．√ 56．√ 57．√ 58．√ 59．√ 60．×

四、填空题

61．网络协议

62．语法

63．网络层，表示层，应用层

64．帧

65．DHCP

66．网络地址

67．与，主机号

68．OSI

69．子网掩码

70．比特（二进制位），数据包

五、简答题

71．物理层，数据链路层，网络层，传输层，会话层，表示层，应用层；TCP、IP、FTP协议分别工作在传输层、网络层、应用层。

72．网络接口层，网络层，传输层，应用层；网络接口层对应 OSI 参考模型的物理层和数据链路层，网络层对应网络层，传输层对应传输层，应用层对应会话层、表示层和应用层。

73．（1）A 类、B 类、C 类 IP 地址默认子网掩码分别为 255.0.0.0、255.255.0.0、255.255.255.0。

（2）A 类、B 类、C 类 IP 地址首字节的范围分别为 1～126、128～191、192～223。

74．（1）C 类；

（2）32；

（3）6；

（4）201.1.5.8；

（5）201.1.5.9～201.1.5.14。

75．B 类 IP 地址，子网掩码为 255.255.0.0，网络号为 191.168.0.0，主机号为 0.0.10.11。

76．（1）62；

（2）255.255.255.192；

（3）192.168.3.63。

第四章

一、单项选择题

1．D 2．A 3．B 4．C 5．B 6．C 7．C 8．D 9．B 10．C 11．B 12．B 13．A 14．C 15．B 16．B 17．D 18．C 19．D 20．B 21．A 22．A 23．C 24．B 25．C 26．D 27．A 28．B 29．C 30．B 31．A 32．D 33．C 34．B 35．D 36．B 37．C 38．C 39．D 40．B 41．C 42．B 43．C 44．C 45．D

二、多项选择题

46．ABCD 47．ABE 48．BCE 49．ACD 50．ABD

三、判断题

51．√ 52．× 53．√ 54．× 55．√ 56．× 57．√ 58．√ 59．√ 60．√ 61．× 62．√ 63．√ 64．√ 65．×

四、填空题

66．交叉线，直连线

67．局域网交换机

68．测

69．调制

70．地址学习

71．广播式

72．无线网卡

73．IP

74．多模

75．DHCP

76．T568B

五、简答题

77．有线类：双绞线、同轴电缆、光纤；无线类：微波、无线电波、卫星、红外线、激光。

78．查看网络配置信息的命令为 ipconfig /all；可以查看到主机名、IP 地址、子网掩码、网关地址、DNS 地址、MAC 地址、DHCP 服务器地址。

79．（1）调制解调器（MODEM）；

（2）调制；

（3）解调。

80．（1）调制解调器，路由器，交换机；

（2）双绞线；

（3）路由器；

（4）星形；

（5）192.168.1.3～192.168.1.254。

第五章

一、单项选择题

1．C 2．D 3．B 4．C 5．B 6．C 7．D 8．B 9．A 10．D 11．B 12．A 13．C 14．A 15．B 16．C 17．B 18．C 19．C 20．B 21．C 22．B 23．C 24．C 25．A 26．D 27．D 28．B 29．D 30．B

二、多项选择题

31．ABDE 32．ABCE 33．BCDE 34．BCE 35．ABE

三、判断题

36．× 37．√ 38．√ 39．× 40．√ 41．√ 42．√ 43．√ 44．√ 45．×

四、填空题

46．文件传输协议

47．三

48．http://192.168.1.100:2020

49．21

50．80

51．匿名

52．对等网络，基于服务器的网络

53．HTTP

54．主

55．CuteFTP（或 FlashFXP）

56．IP 地址

五、简答题

57．IIS 是指互联网信息服务，主要用于创建和管理 Web 服务器、FTP 服务器、NNTP 服务器和 SMTP 服务器，使得在互联网上发布信息成为一件容易的事。

58．WWW 服务的结构采用了客户机/服务器模式。信息资源以主页的形式存储在 WWW 服务器中，用户通过 WWW 浏览器向 WWW 服务器发出请求；WWW 服务器根据客户端请求内容，将保存在 WWW 服务器中的某个页面发送给客户端；WWW 浏览器在接收到该页面后对其进行解释，最终将图、文、声并茂的画面呈现给用户。我们可以通过页面中的链接，方便地访问位于其他 WWW 服务器中的页面或其他类型的网络资源。

59．（1）该机器网络配置中指定的远程 DNS 服务器无法正常工作，可用 nslookup 工具检查确定。解决方法是重新设置正确的 DNS 服务器地址。

（2）浏览器故障而不能正确工作（如病毒影响等）。解决办法是修复浏览器。

60．（1）IP 地址：192.168.5.100（192.168.5.1～192.168.5.253 之间的任意一个都行，但必须与下面两小题的 IP 地址一致）；子网掩码：255.255.255.0；网关：192.168.5.254；DNS：218.85.157.99。

（2）http://192.168.5.100。

（3）ftp://192.168.5.100。

第六章

一、单项选择题

1．B 2．B 3．D 4．A 5．C 6．A 7．C 8．C 9．D 10．A 11．D 12．B 13．B 14．C 15．D 16．C 17．A 18．B 19．B 20．D 21．C 22．B 23．D 24．B 25．C 26．A 27．A 28．D 29．D 30．B 31．A 32．C 33．C 34．D 35．C 36．C 37．C 38．D 39．A 40．A

二、多项选择题

41．ACE 42．ACE 43．ABDE 44．ABCE 45．ABCE

三、判断题

46．× 47．√ 48．√ 49．√ 50．√ 51．× 52．× 53．√ 54．√ 55．×

四、填空题

56．MAC

57．IEEE802.3

58．CSMA/CD

59．1000

60．光纤

61．ping www.fjsscm.com

62．无线网卡

63．无线移动通信

64．PPPoE

65．ADSL

五、简答题

66．（1）发送数据前首先侦听信道；

（2）如果信道空闲，立即发送数据并进行冲突检测；

（3）如果信道忙，继续侦听信道，直到信道变为空闲，才继续发送数据并进行冲突检测；

（4）如果站点在发送数据的过程中检测到冲突，它将立即停止发送数据并等待一个随机时长，重复上述过程。

CSMA/CD 的发送流程可以简单地概括为四点：先听后发，边听边发，冲突停止，随机延迟后重发。

67．用 ping 命令无法连通服务器，可能是以下几种情况：

（1）IP 地址不在同一网段，或子网掩码不正确，或网关不正确。

（2）物理链路不正常。对于物理链路问题，需要检查网卡与网线的接触问题、网线与交换机的接触问题、交换机与服务器的连接问题，以及网卡的驱动是否正确安装、网卡本身是否有硬件故障等。

68．（1）通过 ipconfig 提供的信息，可以查看 TCP/IP 配置，以便确定存在于 TCP/IP 属性中的一些配置问题。

（2）ipconfig /all：可以获取主机的详细配置信息，包括 IP 地址、MAC 地址、子网掩码、默认网关、DNS 服务器等，通过这些信息判断网络的故障所在。

（3）ipconfig /release：释放计算机 IP 地址。

（4）ipconfig /renew：重新获取 IP 地址。

（5）ipconfig /flushdns：对 DNS 缓存进行刷新。

69．网卡、ADSL MODEM、电话线、无线路由器、网线（双绞线）。

70．（1）以太网是总线型局域网，任何结点都没有可预约的发送时间，它们的发送是随机的，网络中不存在集中控制结点。以太网的结点发送数据是通过"广播"方式将数据送往共享介质，可概括为"先听后发，边听边发，冲突停止，延迟重发"。

（2）FDDI 采用环形拓扑结构，使用令牌作为共享介质的访问控制方法，某个结点要求发送数据时，必须等到经过该结点的空令牌，其他结点必须等到令牌上的数据传送结束并释放才可以再申请传输数据。

第七章

一、单项选择题

1．A 2．D 3．C 4．C 5．A 6．D 7．D 8．D 9．B 10．A 11．B 12．D 13．C 14．A 15．A 16．C 17．D 18．A 19．A 20．B 21．C 22．B 23．C 24．A 25．C 26．D 27．B 28．B 29．A 30．A 31．D 32．A 33．C 34．D 35．C 36．D 37．D 38．D 39．A 40．D

二、多项选择题

41．ABCD 42．ACD 43．ABCE 44．ACE 45．ABE

三、判断题

46．√　47．×　48．×　49．√　50．×　51．√　52．√　53．√　54．×　55．√

四、填空题

56．调制解调器

57．综合业务数字网

58．Web（或万维网）

59．超文本标记语言（或 HTML）

60．ADSL

61．域名

62．应用层

63．ISP

64．高

65．动态

五、简答题

66．（1）URL；

（2）超文本传输协议；

（3）www；

（4）域名；

（5）cn，中国；

（6）主页名（主页文件名）。

67．PSTN，ADSL，ISDN，DDN，光纤接入。

68．用户在自己的计算机上输入网站域名，域名被送往域名服务器，域名服务器在自己的数据库中查询，如果未查到就请求其他域名服务器查询，然后将查询到的 IP 地址送至客户机，客户机根据该 IP 地址去访问目的网站。

69．电子邮件(E-mail)，远程登录(TELNET)，文件传输服务(FTP)，万维网服务（WWW），电子公告牌服务（BBS），网络新闻组（USENET），网络通信（QQ、微信）等。

70．（1）域名解析系统；

（2）统一资源定位器；

（3）远程登录；

（4）超文本传输协议；

（5）传输控制协议/网际协议。

第八章

一、单项选择题

1．C　2．B　3．D　4．C　5．C　6．D　7．B　8．B　9．B　10．A　11．D　12．A　13．C　14．B　15．D　16．B　17．D　18．A　19．D　20．D　21．A　22．B　23．B　24．C　25．B　26．C　27．C　28．D　29．D　30．B　31．B　32．D　33．B　34．B　35．A　36．A

37．B　38．A　39．B　40．C

二、多项选择题

41．ABCD　42．ABCDE　43．ACD　44．ABCDE　45．ABCE

三、判断题

46．×　47．√　48．×　49．×　50．√　51．×　52．√　53．√　54．×　55．√

四、填空题

56．软件防火墙

57．隐蔽

58．验证

59．IP 欺骗

60．密码

61．高

62．数字签名

63．验证身份

64．实体硬件

65．保密性

五、简答题

66．（1）计算机病毒是人为编制的有害程序或指令代码。

（2）破坏性、隐蔽性、潜伏性、传染性、激发性（可触发性）、表现性、寄生性、非授权可执行性。

（3）对重要的数据进行定期备份；安装并升级杀毒软件到最新版；不要轻易打开陌生链接以防钓鱼网站；使用外来磁盘前先查杀病毒；打开陌生邮件之前先查杀病毒等。

67．物理安全措施：防火、防盗、防静电、防雷击、防辐射、防电磁泄露等；逻辑安全措施：口令与访问控制、防火墙技术、身份认证、数字签名、数据加密、设置访问权限等。

68．人为的疏忽，非授权访问，信息泄露和丢失，破坏数据完整性，拒绝服务攻击，利用网络传播病毒，黑客攻击等。

69．网络安全的本质就是网络上的信息安全。通过各种计算机、网络、密码技术、信息安全技术，保护在公用网络中传输、交换和存储信息的机密性、完整性和真实性，并对信息的传播及内容具有控制能力。

70．（1）服务器与交换机没有连接好。

（2）交换机本身没有正常工作。

（3）服务器端 IP 地址、子网掩码或网关设置不当。

（4）服务器与终端 IP 地址可能不处于同一个网段。

计算机网络技术 试卷 I

第一部分 选择题

一、单项选择题（本大题共 45 小题，每小题 2 分，共 90 分）

1. C 2. D 3. A 4. C 5. B 6. A 7. C 8. A 9. D 10. C 11. B 12. A
13. C 14. C 15. D 16. D 17. D 18. B 19. B 20. C 21. A 22. D 23. A 24. A
25. B 26. B 27. D 28. D 29. A 30. C 31. D 32. D 33. A 34. C 35. B 36. C
37. B 38. D 39. D 40. B 41. A 42. D 43. B 44. D 45. C

二、判断选择题（本大题共 20 小题，每小题 2 分，共 40 分）

46. B 47. A 48. B 49. A 50. A 51. B 52. B 53. A 54. B 55. A 56. A
57. B 58. B 59. A 60. B 61. B 62. A 63. A 64. B 65. A

第二部分 非选择题

三、填空题（本大题共 10 小题，每小题 2 分，共 20 分）

66. 资源

67. 逻辑

68. 32

69. 传输

70. 物理（MAC 或 Mac）

71. 教育

72. 语义

73. 21

74. 无线网

75. 星

计算机网络技术 试卷Ⅱ

第一部分 选择题

一、单项选择题（本大题共 20 小题，每小题 2 分，共 40 分）

1．B 2．D 3．A 4．C 5．C 6．D 7．C 8．B 9．D 10．B 11．C 12．D
13．C 14．A 15．B 16．A 17．D 18．B 19．A 20．C

二、多项选择题（本大题共 5 小题，每小题 2 分，共 10 分）

21．BCD 22．ABCD 23．ABCDE 24．AE 25．ABCDE

三、判断选择题（本大题共 10 小题，每小题 2 分，共 20 分）

26．B 27．B 28．A 29．A 30．B 31．A 32．A 33．B 34．B 35．B

第二部分 非选择题

四、填空题（本大题共 5 小题，每小题 2 分，共 10 分）

36．超文本传输协议

37．4（四）

38．多模

39．568A

40．子网掩码

五、简答题（本大题共 2 小题，每小题 10 分，共 20 分）

41．

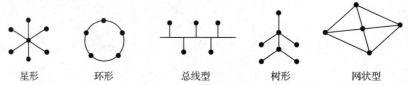

星形　　环形　　总线型　　树形　　网状型

评分说明：每写出一种拓扑结构，得 1 分（名称中使用"形"、"型"或"状"皆可得分）；每画出一个拓扑图得 1 分；拓扑图和拓扑名称没有正确对应的扣 1 分。

42．IP 地址类别为 C 类；子网掩码是 255.255.255.0；网络号为 192.168.2.0；主机号为 11；该网段 IP 地址范围是 192.168.2.1～192.168.2.254。（每项 2 分）

综合模拟测验（一）

计算机网络技术　试卷 I

第一部分　选择题

一、单项选择题（本大题共 45 小题，每小题 2 分，共 90 分）

1. D　2. B　3. B　4. A　5. D　6. A　7. C　8. B　9. A　10. C　11. C　12. B

13. B　14. A　15. C　16. D　17. C　18. A　19. B　20. A　21. B　22. D　23. D　24. A

25. A　26. A　27. D　28. B　29. B　30. C　31. C　32. B　33. B　34. A　35. B　36. D

37. A　38. B　39. C　40. D　41. C　42. A　43. B　44. C　45. C

二、判断选择题（本大题共 20 小题，每小题 2 分，共 40 分）

46. B　47. A　48. A　49. A　50. B　51. A　52. B　53. A　54. B　55. A　56. B

57. A　58. B　59. A　60. B　61. B　62. A　63. A　64. B　65. B

第二部分　非选择题

三、填空题（本大题共 10 小题，每小题 2 分，共 20 分）

66. 帧

67. 文件传输协议

68. 主机号

69. 模拟信号

70. MODEM（或调制解调器）

71. 单模

72. 网络协议

73. POP3

74. bps（b/s，bit/s）

75. 总线型

计算机网络技术　试卷 II

第一部分　选择题

一、单项选择题（本大题共 20 小题，每小题 2 分，共 40 分）

1．C　2．C　3．A　4．C　5．B　6．A　7．A　8．A　9．B　10．B　11．C　12．B　13．A　14．C　15．A　16．C　17．A　18．C　19．D　20．A

二、多项选择题（本大题共 5 小题，每小题 2 分，共 10 分）

21．ABCE　22．ABDE　23．BCD　24．AD　25．ABDE

三、判断选择题（本大题共 10 小题，每小题 2 分，共 20 分）

26．A　27．B　28．B　29．A　30．A　31．A　32．B　33．A　34．A　35．A

第二部分　非选择题

四、填空题（本大题共 5 小题，每小题 2 分，共 10 分）

36．DHCP

37．2^{16}-2

38．bbs

39．最高频率与最低频率（最大频率与最小频率）

40．破坏性强

五、简答题（本大题共 2 小题，每小题 10 分，共 20 分）

41．（1）交叉线；（2 分）

（2）双绞线、水晶头、压线钳、测线仪；（4 分）

（3）白橙、橙、白绿、蓝、白蓝、绿、白棕、棕。（4 分，顺序错一个则不得分）

42．（1）数据冲突（数据碰撞）；（2 分）

（2）总线型；（2 分）

（3）数据链路层；（2 分）

（4）先听后发，边听边发，冲突停止，随机延迟后重发。（4 分）

综合模拟测验（二）

计算机网络技术　试卷 I

第一部分　选择题

一、单项选择题（本大题共 45 小题，每小题 2 分，共 90 分）

1. D　2. A　3. C　4. B　5. A　6. B　7. A　8. B　9. B　10. A　11. D　12. A
13. D　14. C　15. C　16. A　17. C　18. C　19. A　20. D　21. A　22. A　23. D　24. C
25. D　26. A　27. B　28. D　29. B　30. B　31. A　32. B　33. B　34. C　35. C　36. A
37. B　38. D　39. A　40. D　41. B　42. B　43. C　44. C　45. D

二、判断选择题（本大题共 20 小题，每小题 2 分，共 40 分）

46. B　47. B　48. A　49. A　50. A　51. B　52. A　53. B　54. B　55. B　56. B
57. A　58. A　59. B　60. A　61. B　62. B　63. B　64. B　65. A

第二部分　非选择题

三、填空题（本大题共 10 小题，每小题 2 分，共 20 分）

66. 网络层（三，第三）

67. 屏蔽

68. MODEM（或调制解调器）

69. IP 地址

70. 拓扑结构

71. 交叉线

72. 光信号

73. 超 6 类线

74. 域名

75. CSMA/CD

计算机网络技术　试卷 II

第一部分　选择题

一、单项选择题（本大题共 20 小题，每小题 2 分，共 40 分）

1．B　2．C　3．A　4．B　5．C　6．B　7．B　8．A　9．B　10．C　11．B　12．B　13．C　14．C　15．D　16．D　17．C　18．B　19．C　20．C

二、多项选择题（本大题共 5 小题，每小题 2 分，共 10 分）

21．ADE　22．ABCDE　23．ACD　24．ACD　25．ABCDE

三、判断选择题（本大题共 10 小题，每小题 2 分，共 20 分）

26．A　27．A　28．A　29．A　30．B　31．A　32．A　33．B　34．A　35．A

第二部分　非选择题

四、填空题（本大题共 5 小题，每小题 2 分，共 10 分）

36．建立电路

37．IEEE802

38．域名

39．广播式

40．80

五、简答题（本大题共 2 小题，每小题 10 分，共 20 分）

41．加密机制，数字签名机制，访问控制机制，数据完整性机制，鉴别机制等。（写一项得 1 分）

42．（1）设置共享；（2 分）

（2）可以；（2 分）

（3）方法一：双击桌面上的"计算机"图标，在打开的资源管理器的地址栏上输入"\\192.168.1.10\student"；（2 分）

方法二：双击桌面上的"计算机"图标，在打开的资源管理器的地址栏上输入"\\tea\student"；（2 分）

方法三：双击桌面上的"网络"图标，找到计算机"tea"并打开文件夹"student"。（2 分）

综合模拟测验（三）

计算机网络技术　试卷 I

第一部分　选择题

一、单项选择题（本大题共 45 小题，每小题 2 分，共 90 分）

1．B　2．D　3．D　4．B　5．C　6．D　7．C　8．B　9．A　10．D　11．A　12．B
13．B　14．C　15．A　16．C　17．D　18．C　19．C　20．D　21．A　22．B　23．B　24．D
25．C　26．C　27．C　28．D　29．A　30．B　31．D　32．D　33．C　34．A　35．D　36．B
37．A　38．A　39．C　40．C　41．C　42．C　43．A　44．D　45．D

二、判断选择题（本大题共 20 小题，每小题 2 分，共 40 分）

46．A　47．B　48．A　49．A　50．B　51．B　52．A　53．B　54．A　55．A　56．B
57．A　58．A　59．A　60．A　61．B　62．A　63．A　64．B　65．A

第二部分　非选择题

三、填空题（本大题共 10 小题，每小题 2 分，共 20 分）

66．客户机/服务器

67．接口

68．光纤

69．全双工

70．是

71．异步传输

72．数据

73．物理信道

74．信道容量

75．吞吐量

计算机网络技术 试卷Ⅱ

第一部分 选择题

一、单项选择题（本大题共 20 小题，每小题 2 分，共 40 分）

1．A 2．D 3．A 4．C 5．C 6．A 7．D 8．D 9．A 10．C 11．B 12．B 13．C 14．D 15．B 16．A 17．B 18．D 19．A 20．D

二、多项选择题（本大题共 5 小题，每小题 2 分，共 10 分）

21．ABCE 22．ABD 23．ABE 24．BCE 25．ACE

三、判断选择题（本大题共 10 小题，每小题 2 分，共 20 分）

26．B 27．B 28．A 29．A 30．B 31．A 32．B 33．A 34．B 35．A

第二部分 非选择题

四、填空题（本大题共 5 小题，每小题 2 分，共 10 分）

36．踩点

37．时序

38．抗干扰

39．传输速率

40．蓝，绿

五、简答题（本大题共 2 小题，每小题 10 分，共 20 分）

41．（1）DHCP；（2分）

（2）DNS；（2分）

（3）ARP；（2分）

（4）FTP；（2分）

（5）POP3，SMTP（顺序不能反）。（2分，顺序写反不得分）

42．（1）网桥是用于连接两个相似网络的设备；（2分）中继器是用于放大信号，扩大网络传输距离的网络连接设备；（2分）路由器是用于连接多个不同网络或网段的设备，负责路由选择、数据包传递。（3分）

（2）分别工作在数据链路层、物理层、网络层。（3分）

综合模拟测验（四）

计算机网络技术 试卷 I

第一部分 选择题

一、单项选择题（本大题共 45 小题，每小题 2 分，共 90 分）

1．C　2．C　3．A　4．C　5．A　6．D　7．A　8．A　9．D　10．A　11．A　12．B
13．B　14．C　15．C　16．D　17．C　18．D　19．B　20．B　21．C　22．A　23．D　24．B
25．B　26．A　27．B　28．D　29．B　30．C　31．D　32．D　33．A　34．A　35．B　36．D
37．C　38．D　39．D　40．B　41．B　42．B　43．D　44．C　45．D

二、判断选择题（本大题共 20 小题，每小题 2 分，共 40 分）

46．A　47．B　48．A　49．B　50．A　51．B　52．A　53．A　54．B　55．B　56．A
57．B　58．B　59．A　60．A　61．B　62．A　63．A　64．B　65．A

第二部分 非选择题

三、填空题（本大题共 10 小题，每小题 2 分，共 20 分）

66．通信

67．每秒传输的二进制位数

68．ARP

69．无盘工作站

70．服务器

71．传输控制协议

72．集线器

73．物理

74．无连接

75．DNS

计算机网络技术 试卷Ⅱ

第一部分 选择题

一、单项选择题（本大题共 20 小题，每小题 2 分，共 40 分）

1. D 2. A 3. A 4. D 5. D 6. C 7. B 8. A 9. C 10. A 11. B 12. D 13. B 14. C 15. D 16. A 17. D 18. D 19. A 20. C

二、多项选择题（本大题共 5 小题，每小题 2 分，共 10 分）

21. ACDE 22. ABCE 23. ADE 24. ABCE 25. AD

三、判断选择题（本大题共 10 小题，每小题 2 分，共 20 分）

26. B 27. A 28. B 29. B 30. A 31. B 32. A 33. B 34. B 35. B

第二部分 非选择题

四、填空题（本大题共 5 小题，每小题 2 分，共 10 分）

36. 路径的选择（路由选择）

37. 多路复用

38. 媒体访问控制（介质访问控制）

39. 信息传递（数据通信）

40. 表示层

五、简答题（本大题共 2 小题，每小题 10 分，共 20 分）

41.（1）C 类；（2分）

（2）255.255.255.0；（2分）

（3）194.47.20.0；（2分）

（4）2^{24}-2；（2分）

（5）254。（2分）

42. 根据数据在传输线路上的传送方向，数据通信方式可分为：

单工通信：信息只能在一个方向上传送，如无线电广播、电视、收音机。（3分）

半双工通信：通信双方可交替地发送和接收信息，但不能同时发送和接收，如航空和航海的无线电台、对讲机等。（4分）

全双工通信：通信双方可以同时进行双向的信息传输，如计算机网络和手机。（3分）

综合模拟测验（五）

计算机网络技术　试卷Ⅰ

第一部分　选择题

一、单项选择题（本大题共45小题，每小题2分，共90分）

1．A　2．A　3．D　4．B　5．B　6．B　7．D　8．D　9．B　10．C　11．B　12．D
13．A　14．C　15．A　16．A　17．B　18．A　19．A　20．B　21．A　22．B　23．D　24．D
25．A　26．D　27．C　28．C　29．D　30．B　31．C　32．D　33．C　34．A　35．D　36．C
37．C　38．B　39．C　40．D　41．B　42．D　43．C　44．D　45．B

二、判断选择题（本大题共20小题，每小题2分，共40分）

46．B　47．A　48．B　49．A　50．A　51．A　52．B　53．A　54．B　55．A　56．A
57．A　58．A　59．B　60．A　61．B　62．A　63．A　64．A　65．B

第二部分　非选择题

三、填空题（本大题共10小题，每小题2分，共20分）

66．信息传递（数据通信）

67．数字，模拟

68．分组交换

69．基带（数字）

70．并行通信

71．保密性

72．传染

73．解调，调制

74．以太网

75．加密

计算机网络技术　试卷Ⅱ

第一部分　选择题

一、单项选择题（本大题共20小题，每小题2分，共40分）

1．C　2．D　3．C　4．C　5．B　6．B　7．B　8．A　9．B　10．D　11．B　12．C　13．C　14．D　15．D　16．C　17．D　18．A　19．B　20．B

二、多项选择题（本大题共5小题，每小题2分，共10分）

21．ABCD　22．ABDE　23．ABD　24．ABCDE　25．ABCDE

三、判断选择题（本大题共10小题，每小题2分，共20分）

26．A　27．A　28．B　29．A　30．A　31．B　32．B　33．B　34．A　35．A

第二部分　非选择题

四、填空题（本大题共5小题，每小题2分，共10分）

36．频带

37．奇偶校验

38．应用层

39．域名解析

40．广域网

五、简答题（本大题共2小题，每小题10分，共20分）

41．电路交换、报文交换、分组交换（3分）。

实例分别为：电话系统；邮件系统、电报；计算机网络、IP电话、因特网（写三个3分）。

线路利用率较高的方式有：报文交换、分组交换（2分）。

时延较长的方式有：报文交换、分组交换（2分）。

42．（1）30（2分）；

（2）255.255.255.224（3分）；

（3）202.168.1.0（3分）；

（4）202.168.1.1～202.168.1.30（2分）。

反侵权盗版声明

电子工业出版社依法对本作品享有专有出版权。任何未经权利人书面许可，复制、销售或通过信息网络传播本作品的行为，歪曲、篡改、剽窃本作品的行为，均违反《中华人民共和国著作权法》，其行为人应承担相应的民事责任和行政责任，构成犯罪的，将被依法追究刑事责任。

为了维护市场秩序，保护权利人的合法权益，我社将依法查处和打击侵权盗版的单位和个人。欢迎社会各界人士积极举报侵权盗版行为，本社将奖励举报有功人员，并保证举报人的信息不被泄露。

举报电话：（010）88254396；（010）88258888

传　　真：（010）88254397

E-mail：　dbqq@phei.com.cn

通信地址：北京市海淀区万寿路 173 信箱

　　　　　电子工业出版社总编办公室

邮　　编：100036